農業イノベーションの挑戦者

―農業経営の将来像を考える―

南石晃明 編著

養賢堂

まえがき

　農業や農業経営の将来はどのように描けるであろうか？　以前は，農業は零細で収益性も低く，高齢化も進んでおり，衰退産業の代表例のように言われた時代もあった．確かに，農業はこうした側面をもっており，この一面のみをみると，農業や農業経営の将来は暗いようにも感じられる．

　しかし，最近では，都会育ちの若者が農業に参入し，地域で活躍し，農的暮らしを楽しんでいるということも決して珍しい存在ではなくなっている．また，農業の会社を設立して，バリューチェーン全体を見据えた事業展開を行い，他産業に引けを取らない成功をおさめている事例も多くみられる．

　農業の重要な特徴の1つは，多様性であり，さまざまな形態の農業経営が併存している．そのため，どこに焦点を当てるかによって，農業はいろいろな「姿」や，時には全く相反する「顔」をみせる．農業の暮らしとしての面を重視する人々もいるし，農業のビジネスとしての面を重視する人々もいる．こうした多様な面をもつこと自体が，農業の魅力の1つであろう．

　本書では，農業イノベーション大賞の受賞者に着目して，農業のビジネスとしての面，先進的な面に主に焦点をあてている．換言すれば，農業イノベーションの挑戦者から学び，農業経営の将来像を考えようとするものである．将来を展望するには，いくつかの方法があるが，時代の先端を切り拓いている挑戦者達に注目することも有力な方法であろう．未来は，挑戦者達が造っているともいえ，将来を見通す有力な方法の1つであろう．

　本書は，どの章からでも読み進められるよう工夫しているが，第1章では，農業イノベーション大賞の概要や本書の構成を紹介しており，その後のすべての章の導入部となっている．具体的には，第1章では，農業イノベーション大賞の対象と選考基準，農業イノベーション大賞の各賞受賞者の講評，受賞者にみる農業経営の将来像について述べている．第2章以降では，各執筆者の視点から各受賞者について詳しく紹介し，農業イノベーション大賞受賞者にみる次世代農業経営の将来像を明らかにしている．転じて第14章では，農業イノベーション大賞の選考に参画された方々に，それぞれの視点から感じたこと，考え

たことなどを自由に語って頂き，そこから農業の将来のキーワードの抽出を試みている．最後の第 15 章では，政府統計や筆者らの農業法人アンケート調査に基づいて，本書で紹介するような農業経営が，一定の層としてわが国に形成されつつあり，次世代農業経営像となり得ることを展望している．

　本書の編纂に際しては，多くの方々に大変お世話になった．すべての方々を紹介することはできないが，皆さまに厚く御礼申し上げる．特に，農業イノベーション大賞候補者の推薦者，応募者をはじめ，農業イノベーション大賞の趣旨に賛同頂き共催・協賛していただいた団体・企業の皆様のご協力がなければ，本書を読者の皆様へお届けすることはできなかった．また，本書は『農業および園芸』での連載を加筆修正して書籍化したものであり，同誌の編集長であり本書の担当編集者でもある株式会社養賢堂の小島英紀氏にもご尽力頂いた．なお，本書には，日本学術振興会「基盤研究」（課題番号 JP19H00960）の研究成果が含まれている．

2023 年 3 月
執筆者を代表して
南石晃明

目次

第9章　ブロッコリービジネスを極める
―静岡県浜松市のアイファーム―

第10章　農業者主導のオープン・イノベーションで精密農業を実現
―北海道大空町の馬渡農場―

第11章　ICT・ロボット技術活用による震災復興
―福島県南相馬市の紅梅夢ファーム―

第 15 章　農業イノベーションの現状と展望
―政府統計やアンケート調査から農業経営の将来像を考える―

第1章　農業イノベーション大賞受賞者にみる次世代農業経営の将来像

南石晃明

〔キーワード〕：農業法人，経営革新，情報マネジメント，人材マネジメント，研究開発

1．はじめに

　農業は，最も長い歴史を有する産業であり，人類の生存の基盤となる産業といえる．今まで何度か革新を経験してきた産業でもあり，現在も AI や IoT などのデジタル技術，ゲノム編集や遺伝子組み換えなどのゲノム技術の急速な発展により，新たな大きなイノベーションの萌芽がいくつも現れている．

　そこで，農業情報学会では，以下の関係機関の協力を得て，「農業イノベーション大賞」表彰事業を行ってきた．農業情報学会は，広義のイノベーションに関わる研究も幅広く対象領域としており，実践的な研究開発やその成果の普及活動も積極的に評価し支援する組織風土がある．こうした背景から，先駆的で挑戦意欲のある農業企業・団体・個人の実践的活動を表彰し，農業内や農業外産業にインパクトを与え，さらに農業のイノベーションを促進することを目指している．

　本書では，次世代農業経営のモデルとなりうる受賞者に焦点をあて，その挑戦を紹介する．本章では，農業イノベーション大賞の対象と選考基準，農業イノベーション大賞の各賞受賞者の講評，受賞者にみる農業経営の将来像について述べる．これは，第2章以降で紹介する，各受賞者の詳しい紹介への導入となることを意図している．

　なお，農業イノベーション大賞の募集要領や受賞者については，農業情報学会 Web サイト（https://www.jsai.or.jp/年次大会等/農業イノベーション大賞）を参照されたい．本章の2節〜4節は，この Web サイトおよび農業イノベーション大賞選考委員会（2020，2021，2022）に基づいているが，一部標記の統一および加筆修正を行っている．

2. 農業イノベーション大賞の対象，選考基準および実施体制

　農業イノベーション大賞では，農業イノベーションに貢献する実践的活動を行っている企業・団体・個人を選考対象としている．具体的には，以下の活動が優れている者を対象としている．（1）従来の農業分野における「常識」にとらわれない，将来性のある斬新な発想に基づいた実践的な活動を行っていること．（2）情報・知識・ノウハウや情報通信技術 ICT の活用を行っていること．また，以下の基準に基づいて選考を行っている．（1）農業イノベーションへの貢献度．（2）発想，活動，技術の独自性，新規性．（3）農業における実現性，普及可能性．（4）社会へのインパクト，アピール力．

　賞の区分・種類としては，以下の3つの分野・領域の優秀賞に加えて，複数の分野・領域で優秀であると認められた場合に授与される最上位の大賞がある．1）ビジネスモデル（Business Model）：次世代の農業の先駆けとなる新しいビジネスモデルを発案・実践する活動．2）新技術（New Technology）：次世代の農業を支える新技術の開発・導入・普及を行う活動．3）教育・人材育成（Education & Human Resource Development）：次世代の農業に貢献する人材の育成・活用を行う活動．なお，これらの区分・種類とは別に，本大賞の趣旨に照らして選考委員会が表彰することが妥当と認めた場合には，選考委員会特別賞が授与される場合がある．

　本表彰事業は，以下に示す共催機関および協賛・出展企業団体などが協力・連携して事業運営を行っており，事務局は農業情報学会事務局内に設置されている．共催機関：農業情報学会，公益社団法人日本農業法人協会，一般社団法人日本経済団体連合会，一般社団法人全国農業会議所・全国農業新聞，一般社団法人日本食農連携機構，一般社団法人 ALFAE．協賛・出展企業団体など：ソリマチ株式会社，JA 三井リース株式会社，ユビキタス環境制御システム研究会．

　また，受賞者の選考は以下のメンバーによる選考委員会(敬称略，五十音順)が実施している．青山浩子（新潟食料農業大学准教授，農業ジャーナリスト）遠藤隆也（ALFAE・運営委員，M-SAKU ネットワークス代表），大政謙次（高崎健康福祉大学農学部長，東京大学名誉教授，農業情報学会名誉会長），岸田義典（株式会社新農林社代表取締役，農業情報学会顧問），黒谷伸（（一社）全国農業会議所情報事業本部長），南石晃明（九州大学教授，農業情報学会会長，選考

委員長), 平石武((一社)農業利益創造研究所理事長, ソリマチ株式会社取締役, 農業情報学会副会長), 星岳彦 (近畿大学教授, 農業情報学会副会長), 山田優 (農業ジャーナリスト, 日本農業新聞特別編集委員).

　表彰者の選考は, 以下の手順と方法によって行っている. 第1に, 応募者 (自薦他薦を問わず) は, 応募資料を農業イノベーション大賞事務局 (農業情報学会事務局内) へ送付する. 具体的には, STEP1 として, 農業イノベーション大賞募集開催要領およびエントリーシートを, 農業イノベーション大賞WEBサイト (農業情報学会) からダウンロードする. STEP2 として, 同WEBサイトにて応募の事前 WEB 予約を行う.STEP3 として応募資料のプリントとそのファイルを, 農業イノベーション大賞事務局へ発送する.

　第2に, 各選考委員は応募資料などに基づいて, 評価基準Ⅰ (①斬新性, ②ICT 活用度) および評価基準Ⅱ (①イノベーション貢献度, ②独自性・新規性, ③実現性・普及性, ④インパクト) の各評価項目について 5 段階評価を行うと共に, 各応募者について「表彰するに際しての確認事項, 質問事項など」を整理する.

　第3に, 選考委員会においては, 各委員の 5 段階評価 (1:平均的評価を下回る・インパクトが弱い, 2:平均的評価をやや下回る・ややインパクトが弱い, 3:応募者全員の中で平均的評価である, 4:優れている, 5:大変優れている) の得点平均値および優先順位 (高得点の順位) と共に「表彰するに際しての確認事項, 質問事項など」を総合的に審議し, 合議により第一次選考表彰候補者を選定する.

　第4に, 第一次選考表彰候補者に対しては, 選考委員会からの質問への回答や追加資料の提出を求める. 第二次選考においては, これらの回答や追加資料も総合的に審査し, 農業イノベーション大賞各賞の表彰候補者を選定する. 第5に, 第二次選考表彰候補者に対して, 受賞内定 (表彰部門などを含む) を承諾すること, 応募・推薦内容について虚偽はないこと, 犯罪への関与や反社会的勢力との関係がないこと, 農業イノベーション大賞授賞式・受賞者講演出席などの確認を行い, 承諾書の提出を求める. 第6に, 受賞に関わる承諾書が得れた候補者を, 農業イノベーション大賞各賞の表彰者として内定する.

3. 農業イノベーション大賞 2020 受賞者

　表 1-1 に, 農業イノベーション大賞 2020 受賞者 5 件の一覧を示す. 以下で

表 1-1　農業イノベーション大賞 2020 受賞者一覧

賞の区分	受賞者	主要作目・商品，所在地
大賞	株式会社浅井農園	施設野菜，三重県
優秀賞 （教育・人材育成分野）	セブンフーズ株式会社	養豚，熊本県
優秀賞 （新技術分野）	株式会社ワビット 株式会社サカタのタネ	環境制御システム，東京都，神奈川県
優秀賞 （ビジネスモデル分野）	有限会社エーアンドエス	露地野菜，岡山県
選考委員会特別賞	株式会社紅梅夢ファーム	稲作，福島県

は，受賞者の講評を紹介する．

（1）大賞

受賞者：株式会社浅井農園　代表取締役　浅井雄一郎（三重県津市）

受賞題名：農場を科学する研究開発型ビジネスモデル

講評：研究開発型の農業経営を目指しており，異業種企業との共同出資型の事業展開にも積極的であり，「川上から川下まで独自のバリューチェーン構築」というビジネスモデルや独自技術開発に斬新性があり，人材（「人財」）育成にも工夫を凝らし事業展開も確実に進めており普及性が高い．独自品種開発や農業ロボットの研究開発に加えて，「Business, Science, Farm を兼ね備えた地域のリーダーとなる農業経営者の育成」など，次世代農業経営の 1 つの未来像を示している．このように，受賞者の「農場を科学する研究開発型ビジネスモデル」は，次世代農業に貢献する極めて優れた実践的活動として評価でき，大賞に値する．

（2）優秀賞（教育・人材育成分野）

受賞者：セブンフーズ株式会社　代表取締役　前田佳良子（熊本県菊池市）

受賞題名：ICT を活用した次世代人材育成モデル

講評：人材育成を重視した人事評価（キャリアアップ道筋，モチベーション喚起など），従業員のワークライフバランス改善（働き方改革）の取り組み，多様な国内外研修への参加，ICT を活用した人事管理システムの構築などの人材育成の取り組みに加えて，その基盤として明確なビジネスモデ

ル構築と ICT 活用を実践している．このように，受賞者の「ICT を活用
した次世代人材育成モデル」は，次世代農業に貢献する優れた実践的活
動として評価でき，優秀賞（教育・人材育成分野）に値する．

（3）優秀賞（新技術分野）

受賞者：株式会社ワビット　代表取締役　戸板裕康（東京都港区）
　　　　株式会社サカタのタネソリューション統括部長　近藤了裕（神奈川県
　　　　横浜市）

受賞題名：DIY モデル環境制御システムの普及事業

講評：環境制御システムの低コストモデルとして，IT 会社と種苗会社が連携し
　　　て DIY キットを用いたワークショップ型販売などのユーザー参加型の普
　　　及の仕組みを構築している．ICT と栽培技術を一体化した形態での製品
　　　および技術普及を実践しており，中小施設園芸経営における普及が期待
　　　できる．このように，受賞者の「DIY モデル環境制御システムの普及事
　　　業」は，次世代農業に貢献する優れた実践的活動として評価でき，優秀
　　　賞（新技術分野）に値する．

（4）優秀賞（ビジネスモデル分野）

受賞者：有限会社エーアンドエス　代表取締役　大平貴之（岡山県笠岡市）

受賞題名：地域資源・ICT 活用低コスト野菜生産モデル

講評：干拓地ならではの大区画圃場・大型農業機械，子育て世代女性や高齢者
　　　の安定雇用，JA 出荷施設などの地域資源と ICT を活用し，加工業務野菜
　　　の中でも輸入依存度が高い玉葱・キャベツなどの契約栽培のコスト削減
　　　に取り組み，輸入農産物に引けを取らない価格での国産野菜の生産販売
　　　を可能にしている．このように，受賞者の「地域資源・ICT 活用低コス
　　　ト野菜生産モデル」は，次世代農業に貢献する優れた実践的活動として
　　　評価でき，優秀賞（ビジネスモデル分野）に値する．

（5）選考委員会特別賞

受賞者：株式会社紅梅夢ファーム　代表取締役　佐藤良一（福島県南相馬市）

受賞題名：ICT・ロボット技術活用による震災復興

講評：壊滅的な震災被害を受けながら，地域農業の復興を図る中心的存在として，スマート農業技術の導入を積極的に進める共に，複合化に取り組むなど，先進的な展開に果敢に取り組んでいる．これにより，新規学卒者などの雇用，次世代の農業者育成に貢献している．このように，受賞者の「ICT・ロボット技術活用による震災復興」は，甚大な災害を契機とする次世代農業に貢献する実践的活動として評価でき，選考委員会特別賞に値する．

4. 農業イノベーション大賞 2021 受賞者

　表 1-2 に，農業イノベーション大賞 2021 受賞者 6 件の一覧を示す．以下では，受賞者の講評を紹介する．

（1）優秀賞（ビジネスモデル分野）

受賞者：有限会社穂海農耕　代表取締役　丸田洋（新潟県上越市）
受賞題名：ICT 活用による大規模稲作経営と人材育成
講評：新規就農による農地集積が困難な土地利用型農業（稲作）において，法人設立以来 15 年で県内屈指の稲作大規模経営体に成長させ，業務用に特化した事業展開を行ってきた経営実績・挑戦は，高く評価できる．各種情報システムを活用し営農情報の収集・活用を行い，ICT を積極的に導入・活用して人材育成に取り組んでいる点も評価できる．こうした受

表 1-2　農業イノベーション大賞 2021 受賞者一覧

賞の区分	受賞者	主要作目・商品，所在地
優秀賞 (ビジネスモデル分野)	有限会社穂海農耕	稲作，新潟県
優秀賞 (ビジネスモデル分野)	前田農産食品株式会社	畑作，北海道
優秀賞 (新技術分野)	株式会社アイファーム	露地野菜，静岡県
優秀賞 (人材育成/新技術分野)	青森県立名久井農業高等学校 東光鉄工株式会社	果樹溶液受粉技術，青森県
選考委員会特別賞	木下農園	スイートピー（花き），岡山県
選考委員会特別賞	三基計装株式会社	環境制御システム，東京都

賞者の「ICT 活用による大規模稲作経営と人材育成」は，農業イノベーションの実践的活動として優秀賞（ビジネスモデル分野）に値する．

受賞者：前田農産食品株式会社　代表取締役　前田茂雄(北海道中川郡本別町)
受賞題名：スマート農業は楽しくお客様と共有！
講評：「顧客と共に新たな農産食品開発に挑戦する農業生産法人」を目指し，ICTも活用しつつさまざまな六次産業化に取り組んでおり，パン・麺・菓子職人と連携した小麦生産販売，電子レンジ専用ポップコーン「北海道十勝ポップコーン」の生産販売などのアグリフード・バリューチェーン構築は高く評価できる．また，北海道小麦キャンプ，まわり迷路，美味しいパン可視化などの試みもユニークで評価できる．こうした受賞者の「スマート農業は楽しくお客様と共有！」は，次世代農業に貢献する優れたイノベーションの実践的活動として優秀賞（ビジネスモデル分野）に値する．

（2）優秀賞（新技術分野）

受賞者：株式会社アイファーム　代表取締役　池谷伸二（静岡県浜松市）
受賞題名：ブロッコリー生産技術研究開発とビジネスモデル構築
講評：耕作放棄地などを活用した新規就農・規模拡大により，創業 12 年で県内最大級のブロッコリー生産法人となった経営実績・挑戦は高く評価できる．こうした事業展開の中で直面するさまざまな生産管理面での課題解決のため，各種生産管理システム導入やドローン画像分析によるブロッコリー収穫適期判断などの研究開発を関係機関と共同して果敢に推進していることも評価できる．こうした受賞者の「ブロッコリー生産技術研究開発とビジネスモデル構築」は，次世代農業に貢献する優れたイノベーションの実践的活動として優秀賞（新技術分野）に値する．

（3）優秀賞（人材育成/新技術分野）

受賞者：青森県立名久井農業高等学校　教諭　松本理祐，生徒　小泉麻紘（青森県三戸郡南部町），東光鉄工株式会社　UAV 事業部シニアマネージャー　鳥潟與明（秋田県大館市）
受賞題名：農業用ドローンを活用した果樹の溶液受粉

講評：農業高等学校の農業技術改善案と企業のドローン技術を融合させ，高所
　　　作業回避や作業時間低減といった果樹栽培の作業改善につながる技術の
　　　開発実証を行った挑戦・実績は高く評価できる．さらに，実際に農家に
　　　提供できる技術としてビジネスモデルを構想し事業化を検討している点
　　　も評価できる．こうした受賞者の「農業用ドローンを活用した果樹の溶
　　　液受粉」は，農業イノベーションの実践的活動として優秀賞（人材育成
　　　/新技術分野）に値する．

（4）選考委員会特別賞

受賞者：木下農園　代表　木下良一（岡山県倉敷市）

受賞題名：データ解析に基づいたスイートピー生産技術

講評：永年に渡り環境データ自動収集システム構築や環境制御コントローラ製
　　　作などに取り組み，栽培データと環境データの紐づけを行い，栽培管理
　　　改善に活かしてきた実績・挑戦は高く評価できる．さらに，これらのデー
　　　タに基づき，スイートピーの落蕾の発生要因を解明し，その解決方法を
　　　見出したことも評価できる．こうした受賞者の「データ解析に基づいた
　　　スイートピー生産技術」は，次世代農業に貢献する優れたイノベーショ
　　　ンの実践的活動として選考委員会特別賞に値する．

受賞者：三基計装株式会社　代表取締役　稲垣嘉秀（東京都板橋区）

受賞題名：複合制御盤のリノベーションによる ICT 化

講評：永年に渡り大学や公設試などの研究成果を積極的に活用し従来の制御ロ
　　　ジックと融合させ，温室管理の ICT 化の促進や省力高度化技術を導入促
　　　進する活動を行ってきた実績・挑戦は高く評価できる．特に，既製品の
　　　利活用などにより開発費を圧縮し製品価格を抑えるなど，中小規模園芸
　　　経営における ICT 活用に寄与している．こうした受賞者の「複合制御盤
　　　のリノベーションによる ICT 化」は，農業イノベーションの実践的活動
　　　として，選考委員会特別賞に値する．

5. 農業イノベーション大賞 2022 受賞者

　表 1-3 に，農業イノベーション大賞 2022 受賞者 8 件の一覧を示す．以下では，受賞者の講評を紹介する．

（1）大賞

受賞者：株式会社くしまアオイファーム　代表取締役　池田誠（宮崎県串間市）

受賞題名：育種から食卓まで世界開拓 JP サツマイモ！

講評：小芋の潜在市場（海外市場）の発見から，小芋に特化した栽培法の開発，
　　　最終消費者およびバイヤーのニーズに基づく品種開発まで，川上から川
　　　下までサツマイモのバリューチェーン構築は，ビジネスモデルの新規性
　　　および実現性が高く，社会的インパクトも大きい．さらに，作業の見え
　　　る化，トレーサビリティ実現，貯蔵施設の遠隔管理などにおける ICT 活
　　　用と共に，人材育成においても優れた実績を有しており，農業イノベー
　　　ションへの貢献が顕著であり大賞に値する．

（2）優秀賞（教育・人材育成分野）

受賞者：有限会社トップリバー　代表取締役　嶋崎田鶴子（長野県北佐久郡御
　　　　代田町）

表 1-3　農業イノベーション大賞 2022 受賞者一覧

賞の区分	受賞者	主要作目・商品，所在地
大賞	株式会社くしまアオイファーム	サツマイモ（畑），宮崎県
優秀賞 （教育・人材育成分野）	有限会社トップリバー	露地栽培，新規就農支援，長野県
優秀賞 （新技術分野）	もうたい農場	畑作，北海道
優秀賞 （新技術分野）	ListenField 株式会社	スマート農業支援，愛知県
選考委員会特別賞	園芸メガ団地共同利用組合	小菊（花き），秋田県
選考委員会特別賞	株式会社 AGRIER	新規就農支援，北海道
選考委員会特別賞	株式会社 OC ファーム暖々の里	ミカン，露地野菜，愛媛県
選考委員会特別賞	バイエルクロップサイエンス株式会社	データ駆動型農業支援ビジネス，東京都

受賞題名：農業版 iCD を使った農業人財育成モデル

講評：ICT を活用した「データに基づいた営農管理」により野菜生産販売で全
　　　国的な実績を有し，さらに「農業経営者育成のトップランナー」を目指
　　　して，IT 業界で導入が進んでいる企業活動の体系化手法「iCD」を農業
　　　分野で導入し，営農活動の見える化，習熟すべき作業の明確化に取り組
　　　んでいる．これにより，主要事業である野菜生産販売の基盤となる大規
　　　模経営農家育成支援事業のさらなる発展を志向しており，新規性および
　　　現実性が高く，農業イノベーションの実践的活動として優秀賞（教育・人
　　　材人材育成分野）に値する．

（3）優秀賞（新技術分野）

受賞者：もうたい農場　代表，元(株)イソップアグリシステム取締役精密農業
プロジェクトマネージャー　馬渡智昭（北海道網走郡大空町）

受賞題名：分担協調型イノベーションで精密農業を実現

講評：わが国における精密農業の導入段階から，馬渡農場と(株)イソップアグ
　　　リシステム(株)が連携・協力して，多様な主体の連携により成果を創出
　　　するオープン・イノベーション，さらに地域の農業者の経験やニーズを
　　　精密農業技術開発のプロセスに反映させるユーザー・イノベーションに
　　　主体的に取り組みは，新規性および普及性が高い．こうした畑作先進地
　　　である北海道における精密農業の実現と普及への貢献は，農業イノベー
　　　ションの実践的活動として優秀賞（新技術分野）に値する．

受賞者：ListenField 株式会社　代表取締役　Rassarin Chinnachodteeranun（愛知
　　　県名古屋市）

受賞題名：スマート農業を支援する統合データサービス

講評：海外 B2B 市場を主な対象とする日本発の農業 IT ベンチャーとして，作
　　　物生長予測や収穫品質向上支援などに活用できるデータ相互運用性の高
　　　いデータプラットフォームを開発し，利用者の拡大に繋げている．デー
　　　タ解析機能（フィールドセンサ統合，気象解析，生長シミュレーション，
　　　衛星データ処理）も含めた統合的な API 基盤の開発は，農業イノベーショ
　　　ンの実践的活動として優秀賞（新技術分野）に値する．

（4）選考委員会特別賞

受賞者：園芸メガ団地共同利用組合　組合長　吉田洋平（秋田県男鹿市）

受賞題名：小菊の計画出荷モデル構築による水田転換

講評：平均年齢 36 歳の 8 名の若手農業者が，秋田県農業試験場や企業と共同
　　　で，小ギク露地栽培で安定点灯可能な耐候性赤色 LED 電球の開発，電照
　　　栽培技術による開花調節，スマート農機を活用した機械化一貫体系の実
　　　証に取組み，先端技術の導入による計画的安定出荷に対応した露地小ギ
　　　ク大規模生産体系の確立に挑戦している．こうした受賞者の取組みは，
　　　農業イノベーションの実践的活動として選考委員会特別賞に値する．

受賞者：株式会社 AGRIER　代表取締役　蛇岩真一（北海道空知郡上富良野町）

受賞題名：ICT を活用した農業へのキャリアシフト

講評：農業に限らず，起業・開業にはさまざまな参入障壁があるが，ICT や IoT
　　　を活用したテレワークによる遠隔地圃場管理により参入障壁を下げ，兼
　　　業によって撤退障壁を低く抑えるというコロンブスの卵発想の実践に挑
　　　戦している．こうした受賞者の取組みは，農業イノベーションの実践的
　　　活動として選考委員会特別賞に値する．

受賞者：株式会社 OC ファーム暖々の里　代表取締役　長野隆介（愛媛県松山市）

受賞題名：食品残渣堆肥を用いた次世代地域循環モデル

講評：食品残渣堆肥の利用は以前から各地で取組みがみられるが，SDGs の観点
　　　からも全国的広がりと農業ビジネスとしての発展が期待される．こうした
　　　観点から，地域農家，食品スーパー，産業廃棄物処理業者などが連携・協
　　　力を行い，スマート農業技術も活用した野菜生産により，地域資源循環型
　　　の農業ビジネスモデルの確立に挑戦している．こうした受賞者の取組みは，
　　　農業イノベーションの実践的活動として選考委員会特別賞に値する．

受賞者：バイエルクロップサイエンス株式会社　代表取締役　ハーラルト・プ
　　　　リンツ（東京都千代田区）

受賞題名：IoT と AI を活用した病害感染リスク予測

講評：気象，環境，栽培管理，薬剤散布，病害発生の各種データおよび病原菌

の好適感染条件の実験結果などに基づいて構築した機械学習モデルにより病害感染リスク予測を実現し，データ駆動型農業支援ビジネスに挑戦している．こうした受賞者の取組みは，農業イノベーションの実践的活動として選考委員会特別賞に値する．

6．次世代農業経営の将来像

　農業イノベーション大賞者は，次世代農業の萌芽であり，農業経営の未来を先取りしているといえよう．こうした受賞者から，次世代農業経営の将来像をどのように描けるであろうか？　以下では，（1）経営者のプロフィール，（2）経営成長・発展のスピード，（3）ビジネスモデル・経営戦略とリスクマネジメント，（4）人材・情報・技術マネジメントの観点から，考えてみたい．

（1）経営者プロフィール

　受賞者の多くが，農業経営以外のさまざまな職業経験を有している．また，農家の子弟ではない新規就農者が約半数を占めている．このように，受賞者の経歴は多様であり，多様な人材が農業経営者となっている．

　農業法人アンケート分析（南石 2021）でも，多様な学歴・職歴をもつ農業経営者が多いことが明らかになっている．多様性や異分野の融合は，イノベーションの契機となることが知られている．農業経営者の多様性は，次世代農業の将来像を表す一面といえる．

（2）経営成長・発展スピード

　受賞者の多くが，法人設立後，10〜15 年程度で，県内トップクラスまで経営を成長・発展させている．地域で農業経営の基盤を有する農家（の子弟）であれば可能かもしれないが，そうした基盤をもたない新規就農者が設立した農業法人がスピード経営を実現することは従来の常識からは，特に土地利用型経営では，容易には想定できない．経営成長・発展スピードが速いことも，次世代農業の将来像を表す一面といえる．

（3）ビジネスモデル・事業展開とリスクマネジメント

受賞者には，明確な理念・ビジョンを掲げて，農産物の生産に留まらず，加工や実需者・消費者への直接販売など，バリューチェーン全体を見据えたビジネスモデルを意識している経営が多い．また，経営成長・発展の過程では，創業地の地域内に留まらない全国的・世界的な視点からの事業展開を進めている．さらに，一定の成長・発展段階に達した後，創業当時の主力作物に加えて，新たな作目や，農業コンサルティングや農業経営 M&A・投資事業，農業技術の研究開発などの関連領域へ事業多角化を展開する事例も少なからずみられる．

自社の強みを最大限引き出す柔軟な事業展開も，次世代農業の将来像を表す一面といえる．コロナ禍をバネに新たな販路・市場を開拓し，さらなる発展の準備期間とするなど，ピンチをチャンスとして活かす柔軟な発想と実行力をもつ受賞者が多い．受賞者の経営成長・発展スピードを可能にしているビジネスモデル・事業展開の裏には，リスクマネジメントが十分に機能しているといえる．

（4）人材・情報・技術マネジメント

受賞者には，人材育成への積極的な取組みや人材（人財）の重視など，人材マネジメントを重視している経営が多くみられる．また，作物や家畜の生育情報，農作業情報，気象情報などの経営を取巻く多様な情報の収集・活用の重視など，情報マネジメントを重視する経営も多くみられる．換言すれば，情報通信技術 ICT を活用したデータに基づく生産管理や経営管理の実践，センサーやドローンなどのスマート農業技術を工夫して活用している受賞者も多い．さらには，これらを含めて新技術の開発にもコミットするなど果敢に挑戦している．人材マネジメント，情報マネジメント，さらには技術マネジメントの重視は，次世代農業の将来像を表す一面といえる．

7．おわりに

本章では，農業イノベーション大賞の選考過程と受賞者の講評を概観した．また，受賞した農業経営の特徴から，次世代農業経営の将来像を描いてみた．以下の章では，大賞，優秀賞（ビジネスモデル分野，新技術分野，教育・人材育成分野），特別賞の順に，3年間の主な受賞農業経営を詳しく紹介する．なお，

各章は，農業イノベーション大賞受賞者の紹介を行った『農業および園芸』での連載を加筆修正したものである．

　ところで，筆者らは 10 年以上前に，農業イノベーション大賞の前身として「農業・食料産業イノベーション大賞」表彰事業を 5 年間にわたって行っていた．表 1-4 に当時の受賞者を示している．その後，多くの皆さんが知ることになる経営発展を遂げたベルグアース株式会社，こと京都株式会社，株式会社さ

表 1-4　農業・食料産業イノベーション大賞受賞者一覧（2008〜2012 年）

第 1 回（募集 2008 年，授賞式 2009 年 3 月）
　新技術部門賞：こもろ布引いちご園「ユビキタス環境制御技術による次世代苗生産システムへの取組み」
　新技術部門賞：有限会社あぐり「土壌センサー等の先端技術を活用した精密農業への取組み」
　教育・人材育成部門賞：有限会社ピース「作業工程マニュアルを基礎にした OJT および知識・技術共有化への取組み」
第 2 回（募集 2009 年，授賞式 2010 年 3 月）
　大賞：富里市農業協同組合「農家・企業と連携した農協の新たなビジネスモデルの構築」
　ビジネス部門賞：ベルグアース株式会社「野菜苗生産の産業化および ICT 受注・生産支援システムの構築」
　新技術部門賞：ヤンマーグリーンシステム株式会社・佐賀県農業協同組合「イチゴ用非破壊品質測定装置の開発および共同集出荷選果システムの実用化」
第 3 回（募集 2010 年，授賞式 2011 年 3 月）
　大賞：農業生産法人株式会社さかうえ「畑作物契約栽培を主体とした環境保全型農業ビジネスモデルの構築」
　ビジネスモデル部門賞：株式会社ホーブ「イチゴの品種開発・生産・販売統合ビジネスモデルの確立」
　新技術部門賞：株式会社信州サラダガーデン「高品質パプリカ高効率周年生産出荷システムの確立」
第 4 回（募集 2011 年，授賞式 2012 年 3 月）
　大賞：株式会社恵那川上屋「超特選恵那栗生産振興による菓子ビジネスの展開」
　大賞：パソナ農援隊「農業分野における人材育成・雇用創出サービスの事業化」
　ビジネスモデル部門賞：有限会社松本農園「生産情報管理システムを活用した露地野菜ビジネススキームの構築」
第 5 回（募集 2012 年，授賞式 2013 年 3 月）
　大賞：こと京都株式会社「京野菜・九条ねぎの 6 次産業化モデルの実現および新しい農食価値創造」
　教育・人材育成部門賞：有限会社フクハラファーム・滋賀県農業技術振興センター「ICT 活用した大規模稲作経営の技術継承・人材育成および地域農業振興」
　新技術部門賞：株式会社コアファーム「施設園芸向けアグリビジネス M2M ソリューションの構築と実践」

出典：農業情報学会 Web サイト（https://www.jsai.or.jp/年次大会等/農業イノベーション大賞）

かうえ，有限会社フクハラファームなどが受賞者に名を連ねている．受賞後の経営発展の軌跡を詳細に分析し，比較検討することで，経営発展の要因とイノベーションの過程を明らかにできそうである．

　農業イノベーション大賞の受賞者たちは，イノベーションを継続して，10 年後，どのような次世代農業経営を実現しているのだろうか？　本書の読者の皆さんと共に，農業経営の未来に想いを馳せたい．

参考文献

南石晃明（2021）ファクトデータでみる農業法人－経営者プロフィール，ビジネスの現状と戦略，イノベーション，農林統計出版，106pp.
農業イノベーション大賞選考委員会（2020）農業イノベーション大賞 2020 受賞者講評・講演・出展要旨（農業情報学会大会講演要旨集別冊），48pp.
農業イノベーション大賞選考委員会（2021）農業イノベーション大賞 2021 受賞者講評・講演・出展要旨（農業情報学会大会講演要旨集別冊），52pp.
農業イノベーション大賞選考委員会（2022）農業イノベーション大賞 2022 受賞者講評・講演・出展要旨（農業情報学会大会講演要旨集別冊），56pp.

第2章　農場を科学する研究開発型ビジネスモデル
###　　　－三重県津市の浅井農園－

南石晃明・長命洋佑

〔キーワード〕：バリューチェーン，研究開発，人材育成，ICT，施設野菜経営

1．はじめに

　株式会社浅井農園は，三重県津市に本社をおく農業法人であるが，研究開発型の農業経営を目指している点が特にユニークである．例えば，独自品種開発や農業ロボットの研究開発を行っている．また，異業種企業との共同出資型の事業展開にも積極的であり，「川上から川下まで独自のバリューチェーン構築」というビジネスモデルや独自技術開発に斬新性がある．

　さらに，人材（「人財」）育成にも工夫を凝らし事業展開も確実に進めており，ビジネスモデルの普及性も高い．「Business, Science, Farm を兼ね備えた地域のリーダーとなる農業経営者の育成」も目指しており，次世代農業経営の1つの未来像を示している．このように，受賞者の「農場を科学する研究開発型ビジネスモデル」は，次世代農業に貢献する極めて優れた実践的活動として評価され，農業イノベーション大賞の最高賞である大賞を受賞している．

写真2-1　39歳当時の浅井雄一郎さん
　　　　出典：(株)浅井農園撮影．農業イノベーション大賞選考委員会（2020）．

　本章では，浅井雄一郎さん（写真2-1）の受賞記念講演（農業イノベーション大賞選考委員会 2020），浅井・南石（2019）や応募資料などに基づいて，浅井農園の理念・経営戦略や事業展開を紹介する．

表 2-1　Corporate Profile／コーポレート・プロフィール

・会社名：株式会社浅井農園（英名：Asai Nursery, Inc.）
・所在地：（本社/研究棟）三重県津市高野尾町 4951 番地
　　　　（生産第 1 拠点）三重県津市芸濃町椋本
　　　　（生産第 2 拠点）三重県松阪市嬉野新屋庄町（うれし野アグリ(株)）
　　　　（生産第 3 拠点）三重県津市大里野田町
　　　　（生産第 4 拠点）三重県いなべ市大安町大井田（(株)アグリッド）
　　　　（生産第 5 拠点）三重県度会郡玉城町原
　　　　（生産第 6 拠点）福島県南相馬市市原町区下太田（南相馬復興アグリ(株)）
・創業日：1907 年（設立：1975 年 1 月 20 日）
・代表者：代表取締役浅井雄一郎
・資本金 5,000 万円
・生産概要：トマト生産施設・約 13ha（グループ合計）
　果樹生産園地・約 8ha／花木生産園地・約 5ha／研究開発施設・0.2ha
・社員数：役員 3 名フルタイム社員 20 名パートタイム社員 77 名
・グループ会社：うれし野アグリ(株)（三重県松阪市）／(株)アグリッド（三重県い
　なべ市）／南相馬復興アグリ(株)（福島県南相馬市）

出典：(株)浅井農園作成．農業イノベーション大賞選考委員会（2020）．

2．経営の概要

　浅井農園は，1907 年創業当時から三重県津市で百余年にわたり，三重サツキを
中心とする花木の生産卸売を生業としてきた（表 2-1）．2008 年より第二創業と
して高軒高栽培ハウスを導入してミニトマトの生産を開始した．役員 3 名の下，
フルタイム社員 20 名，パートタ
イム社員 77 名を擁している．

　本社/研究棟（写真 2-2）の他，
6 生産拠点を有している．農業法
人では珍しい研究専用施設を有
していることは，研究開発型の農
業法人を目指していることを端
的に示している．農業ロボットの
研究開発は，世界的な自動車部品
メーカーである(株)デンソーと設
立した合弁会社(株)アグリッドで
実施している．そこでのミッショ

写真 2-2　農業法人では珍しい研究専用施設
　　　　　出典：(株)浅井農園撮影．農業イノ
　　　　　ベーション大賞選考委員会（2020）．

ンとして，「大規模ハウスにおける次世代施設園芸モデルを構築し，普及拡大すること」，「生産性の高い持続可能な次世代施設園芸モデルにより，世界の農業生産事業に貢献すること」の2つを掲げている（(株)アグリッド　HP：http://www.agrid.jp/）．生産圃場は，園芸施設が約12.8ha（自社農場1.6ha，グループ会社農場8.9ha，生産委託圃場2.3ha），果樹園地が約8ha，露地畑が約5haである．従来は，ミニトマトの生産や研究開発が広く世の中で認知さ

写真 2-3　新たに取り組んでいるキウイフルーツ生産圃場（果樹園）出典：(株)浅井農園撮影．農業イノベーション大賞選考委員会（2020）．

れてきたが，現在さまざまな分野への事業展開を進めている．その1つが，事業多角化の一環として新たに取り組んでいるキウイフルーツ生産である（写真2-3）．

3．経営の理念と特徴

　「植物と一歩先の未来へ/Make it better with plants」を経営理念としている．1907年の創業時から続く花木（サツキ，ツツジなど），2008年に第二創業としてスタートした野菜（トマト，ミニトマト）や果樹（キウイフルーツ，アボカド）などの生産販売を生業として事業展開している．さらに，経営理念の下，独自の品種開発（川上）から収穫ロボットなどの高生産性栽培システムの開発，そして独自の青果流通開発（川下）まで競争力の高いアグリフード・バリューチェーンの確立に取り組んでいる．

　経営の特徴として，自社農場は研究農場と位置付けており，企業との共同出資などによりグループ会社農場を立ち上げて事業規模拡大を実現している．2013年に，辻製油および三井物産と「うれし野アグリ株式会社」を三重県松阪市に設立し，日本初の地域資源バイオマスのカスケード利用による房採りミニトマトの生産モデルを確立した．2018年に，デンソーとの合弁会社「アグリッド」を設立し，ヒトとロボットが協働する次世代型の農業生産モデルを実現すべく，トマトの自

動収穫ロボットや生産性を高めるための技術開発に挑戦している.

4. 一歩先を行くデジタル農業

　ミニトマト生産を開始した当初から,ハウス内の温度や湿度,二酸化炭素濃度などを統合的に制御するオランダの統合環境制御システムを導入している.圃場間のデータを比較共有するシステムも利用している.また,ロックウール培地を用いた養液栽培システム(自動点滴給液システムおよび UV 殺菌による排液リサイクルシステム)の導入により植物体地下部環境の最適化を実現している.

　労務管理では,IC カードを用いて圃場内での作業データを集約し,スタッフ一人ひとりの作業時間や生産性などの管理を行う労務管理システムを活用している.生産工程管理の各項目について数値化することにより全スタッフに見える化し,日々の業務改善に取り組みながら,独自の栽培管理マニュアルなどの作成や業務の標準化に取り組んでいる.全圃場施設においてグローバル GAP を取得し,農産物の品質管理,労働安全,環境保全の観点からも徹底した生産工程管理を実現している.

　さらに,自動車部品メーカーとの共同研究開発により,トマトの自動収穫ロボットを開発,自動搬送機(AGV)や自動選別ラインなどの自動化を進めると共に,情報通信によるオペレーションの最適化にも取り組んでいる.これらは,一歩先を行くデジタル農業の実践といえる.

5. 世界中から次世代農業人材が集結

　一人前にトマトを作れるようになると,その後は「ビジネス」,「経営(の知識)」と「サイエンス」といった3点を兼ね備える人材の育成を試みている.生産のみならず,営業,開発の担当者も全員現場での作業から経験させている.現場,ビジネス,サイエンスに軸足を置き,「生産圃場=研究農場」という形で全社員に意識付けを行っている.また,全社員が自身で研究テーマをもち,常に現場を科学していくという姿勢を保つようにしている.こうした取り組みにより,会社自体の成長とあわせて,社内にベンチャー企業のような盛り上がりが生まれ,相乗効果を生み出している.専門性と国際性を重視した「農業人財像」を求めており(図

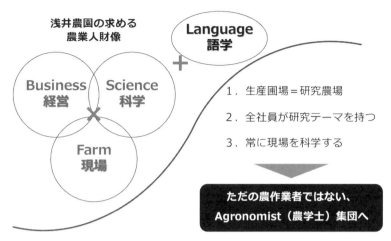

図 2-1　専門性と国際性を重視した「農業人財像」
　　　　出典：(株)浅井農園撮影. 農業イノベーション大賞選考委員会（2020）.

2-1），他の多くの農業法人とは一味違った人材育成を目指している.

　技術系社員は，現場・経営・科学の三拍子が揃ったアグロノミスト（農学士）を目指し，ゼロからイチを生み出す,「常に現場を科学する研究開発型の農業カンパニー」をスローガンに掲げている. 7つのビジネスユニットからなるティール型のフラットな組織には，ベルギーやスウェーデン，中国出身などの多国籍の高度人財が活躍し，ダイバーシティを実現している. こうした社風に共感して，世界中から次世代農業人材が集結し,「常に現場を科学するアグロノミスト（農学士）集団」が形成されつつある.

6. おわりに
－コロナ禍をさらなる発展へつなげる－

　先進的な農業法人は世の中に多いが，浅井農園のように「研究開発」を主眼において事業展開している農業法人は，まだ少ない. 多くの農業法人は，農産物の生産を起点に加工・販売など，バリューチェーンの川下へ事業を拡大している. 浅井農園は，生産を起点に品種開発や農業ロボット開発など，バリューチェーンの川上へも事業を拡大している. つまり，農業に関わるバリューチェーン全体を視野に入れた事業展開をしている. さらに，作目も現在の主力品目の

トマトに拘らず，キウイフルーツなど，他品目への横展開も行っている．文字通り，縦横無尽の経営といえる．

　柔軟で戦略的な浅井農園の組織風土は，「コロナ禍」をもさらなる発展への契機としているように思われる．浅井さんによれば，新型コロナウイルス感染拡大により，学校が休校になり，お子さんの世話のためパート従業員が出勤できなくなるなど，浅井農園でも色々な影響がでている．こうした多様なリスクを最小化するため，経営面・生産面では，デジタルトランスフォーメーション DX の加速を含めて，柔軟な働き方を実現するさまざまな対応策をとっている．勤務時間中の従業員の接触を最小化するように現場オペレーションを見直し，万が一従業員が感染しても，濃厚接触者となること（クラスターの発生）を未然に防止する対策はその一例といえる．こうした対策の効果もあってか，感染者は皆無とのことであった．農産物の販売面では，新型コロナウイルス感染拡大により，外食やホテルなどの需要は減少したが，中食や小売りの需要が増加し，浅井農園の生産販売する農産物の需要全体には大きな変化はないようである．浅井さんは，「コロナ禍」を契機として，今まで以上に多様な目にみえないリスクに気づくことができた，皆が人生で大事なものは何か気づくことができた，と感じているようである．常に前向きなこところが，浅井さんらしいといえる．

　浅井農園の 5 年後，10 年後の経営が楽しみである．また，第 2，第 3 の浅井農園が，いつ，どこで誕生するかも楽しみである．

参考文献

(株)アグリッド HP：http://www.agrid.jp/
(株)浅井農園 HP：https://www.asainursery.com/
浅井雄一郎，南石晃明（2019）農業バリューチェーンの最適化による施設野菜経営の競争力強化三重県における株式会社浅井農園の取り組み，農業経営研究，57．(1)：36-44．
農業イノベーション大賞選考委員会（2020）農業イノベーション大賞 2020 受賞者講評・講演・出展要旨（農業情報学会大会講演要旨集別冊），48pp．

第3章 育種から食卓まで世界開拓 JP サツマイモ！
―宮崎県串間市のくしまアオイファーム―

川﨑 勇

〔キーワード〕：サツマイモ，輸出，農業経営，長期貯蔵処理，動画マニュアル

1．はじめに

　創業からわずか 8 年の 2021 年．宮崎県串間市のくしまアオイファームは，日本のサツマイモ輸出量全体の 2 割，1,100t を輸出する企業に急成長した．日本では見向きもされなかった小ぶりの芋を大量生産する方法を編み出し，自ら海外市場を開拓した．同社が今直面するのは，全国のサツマイモ産地が警戒しているサツマイモ基腐病の脅威だ．抵抗性品種を産地一丸となって栽培することで手応えを感じている．

2．急成長させた輸出事業

　同社は，2012 年のシンガポール向け初輸出から輸出量を伸ばし，近年は 1,100t ほどを維持する．主な品種は「べにはるか」「べにまさり」「宮崎紅」など 5 品種．海外のサツマイモ品種に比べて甘い日本産のサツマイモは，人気を集めており，輸出量は右肩上がり．2021 年の輸出量は前年比 6%増の 5,600t となり，このうち 2 割ほどを同社が占めた．

　同社の主な輸出先は香港やシンガポール，台湾などのスーパー向けだ．輸出開始当初から海外ニーズを分析し，1 個当たり 50〜200g の S・M サイズ相当の芋を中心に輸

写真 3-1　香港のスーパーで売られる芋

表3-1　くしまアオイファームの経営概況

設立	平成25年12月
資本金	6,500万円
事業	サツマイモの生産・販売・加工
栽培面積	45ha（令和4年度）
取扱量	1万t（見込み）
輸出量	約1,100t
従業員数	101人（令和3年12月末）

出. 小ぶりな方が火が通りやすいため，調理しやすく食べやすいとみる. 日本でも同様の需要があることをつかみ，"おやつ感覚"で食べられることを押し出し，売り上げを伸ばす.

こうした小ぶりな芋を作るために, 同社は「小畝密植栽培」を開発. 通常なら30cmほど開ける株間を20cmほどに密植にして栽培する方法だ. 輸出を初めて数年

写真3-2　国内のスーパーに並ぶ小ぶりな芋

後からこうした栽培法を自社だけで実践していた. ただ, 現在この方法では栽培していない. 同県や鹿児島県で深刻化するサツマイモ基腐病がまん延しやすいためだ. 幸いなことに取扱量が年々増え, 小ぶりな芋も増加. ニーズに応え続けている.

近年は中東やイギリス, ドイツといった欧州地域にも輸出先を拡大. 2019年に欧州で開かれた商談会に参加して開拓した. 日本のサツマイモを検疫上輸出できるか, サツマイモを食べる文化があるか, 距離は遠すぎないかなど, 自社で輸出先国を検討し, 自ら現地スーパーのバイヤーなどと交渉する.

3. 品質の安定が課題に

輸出の課題は品質の安定だ. 人の目で選別や調製をしても, 出荷先で腐敗す

るケースは多い．肉眼ではどう
しても皮の内側の傷みに気づ
けないためだ．

　そこで重要なのが，キュアリ
ングという長期貯蔵処理だ．高
温多湿環境にサツマイモを置

写真 3-3　芋を長期貯蔵できるキュアリング庫

き，収穫や出荷調製でついた傷口をふさぐ方法だ．輸出するサツマイモはもれ
なく実施する．同社は 1,500t の芋を貯蔵できる設備を導入する．さらに，光セ
ンサーで糖度や空洞，腐れを測定できる非破壊内部品位計もサツマイモで初め
て導入した．鮮度保持袋による包装も徹底する．

　ただ，こうした対策を徹底しても，現地のスーパーの取り扱いや保管状態が
悪く，腐敗することもある．そのため，芋が腐敗しにくい温度帯での保管や，
傷つけないような丁寧な管理を現地スーパーに根気強く伝えている．

4．拡大し続ける事業

　同社の作付面積は 2022 年，45ha と前年より 5 割ほど増やした．自社生産分と
は別に，県内外の生産者約 300 戸からサツマイモを仕入れて販売する．作業負荷
が大きい収穫の受託も実施する．収穫・集荷したサツマイモは串間市にある自社
出荷場に集められ，荷受け後に洗浄，調製した後に包装・梱包して出荷する．

　2022 年 9 月からは茨城県に，第 2 の拠点となる出荷場を設立した．主に国内向
けのサツマイモを扱う．今年 8 月からスタートした 2023 年 7 月期は，取扱量を
前期比 4 割増の 1 万 t，販売金額を同 5 割増の 25 億円と高い目標を設定する．

写真 3-4　新設した出荷場

写真 3-5　芋の入ったコンテナを運ぶ従業員

　同社は米の乾燥受託を主に手掛けていた池田誠会長が 2013 年に設立した．池田会長は父親から 1992 年に経営を継承．米需要の減退や米価の低迷により，米中心の事業運営を転換．需要が見込めるサツマイモの栽培を拡大し，2012 年には米の乾燥業をやめて，サツマイモの生産・販売に専念することにした．自社ブランドのサツマイモ生産をはじめ，2014 年に冷凍焼き芋などの加工場を設立，2015〜2017 年に出荷場を増設し，日量 20t の出荷が可能となるなど，事業を急拡大している．

5．動画マニュアルを整備

　サツマイモに関する作業方法をまとめた動画マニュアルを 500 本以上作成し，外国人技能実習生や新人の教育に役立てている．マニュアル作成に利用するのはクラウド動画教育システム「tebiki」というサービス．作業中や，教育の場面を撮影するだけで，音声を認識し，自動翻訳して字幕も自動で作れるサービスだ．

　マニュアル作成のきっかけは，2021 年 1 月に外国人技能実習生を 7 人受け入れることが決まったためとのこと．1 本当たり 1 分ほどとコンパクトで，英語字幕を付ける．動画数は生産の部署が 3 分の 1 を占める．1 年に 1 回しかない作業や，農薬散布など難しい作業を優先して作っている．

　サツマイモの調製作業の 1 つで，細い根を切る「ひげむしり」については，作業の基本と，駄目な作業の例，規格外品を除くための見分け方，の 3 本を作成．慣れていないときは逆手でサツマイモをもたないよう注意を促し，包丁のもち方や切り方などを丁寧にまとめた．マニュアルの作成過程で教える側のノウハウも共有でき，作業効率の向上にもつながった．

写真 3-6　ひげむしりの方法を示した動画　写真 3-7　定植する苗の持ち方を示した動画

表 3-2　サツマイモ基腐病対策の基本

持ち込まない	感染苗による本圃への持ち込みを防ぐ ウイルスフリー苗による種苗の更新，苗床消毒， 種苗の選別や消毒など
増やさない	発病株の早期発見，除去，薬剤防除，排水対策， 抵抗性がある品種の栽培
残さない	り病残渣の持ち出し，すき込み，土壌消毒

6．産地一丸で基腐病対策

　経営の最大の課題は，同県と鹿児島県でまん延するサツマイモ基腐病だ．この病気は，発病すると，サツマイモの基部が褐変し，最終的に枯死する．鹿児島県では2021年，1株でも発生した圃場の面積が県全体のサツマイモ栽培面積の6割に達した．

　対策の基本は病原菌を「もち込まない」ための健全苗の選定や育苗，「増やさない」ための排水対策や抵抗性品種の栽培，「残さない」ための残さ処理などだ．こうした対策を農研機構や各県試験場などが研究し，現在も徹底するよう呼び掛けているが，病気は拡大し続けている．

　同病は1つの圃場で徹底的に対策をしても台風などで隣の圃場から病原菌が飛んでくれば感染してしまう．対策は面的に実施するのが理想的だ．そこで，2021年から地元のJA串間市大束と連携し，青果用で人気の「べにはるか」などより抵抗性がある「べにまさり」を広く栽培することを決めた．苗の供給はくしまアオイファームが担う．同社は「2022年産は被害が少なく，大分落ち着いている」と手ごたえを感じている．

写真 3-8　「べにまさり」の生芋

第4章　人材育成と働き方改革から生まれるイノベーション
―熊本県菊池市のセブンフーズ―

長命洋佑・南石晃明

〔キーワード〕：人材育成，働き方改革，ICT，ワークライフバランス，養豚経営

1．はじめに

　セブンフーズの本部がある熊本県菊池市は，熊本県の北東部に位置している．東部ならびに北部は阿蘇外輪山系を有する中山間地が，西部ならびに南部には菊池川・白川流域に広がる台地・平野部が広がっており，自然豊かな地域で養豚と露地野菜の生産を行っている．

　代表取締役は前田佳良子氏（以下，前田さん，写真4-1）であり，彼女の父親が1970年に養豚事業を創業したのがセブンフーズの始まりである．その後，1992年に法人化し，父親が事業を継承すると共に，セブンフーズ株式会社に社名変更した．前田さんは，2005年に農業生産法人の認可を受けたタイミングで，父親の跡を継いで代表取締役に就任した．

　2020年に創業50周年を迎えた当社の大きな特徴は，2007年～2011年の5年間で飼養頭数規模を20倍に拡大させたことにある．その転換期は2007年にあると前田さんは言う．本章では，そうした急速な大規模化が図られたセブンフーズの取り組みと人材育成について紹介していこう．

写真4-1　代表取締役の前田佳良子氏
資料：農業イノベーション大賞選考委員会（2020）より引用．

2. セブンフーズの経営概要

　セブンフーズの事業は養豚および露地野菜である．2021 年現在，56ha の養豚施設で年間 5 万頭強の肉豚出荷を行い，年間売上高は 20 億円となっている．また，露地野菜部門も併せて行っており，こちらは 10ha の農地で 400t の生産を行い，売上高は 2,000 万円である．菊池市，阿蘇市，大津町に 5 農場を抱え，そのうち阿蘇市を除く 4 か所は本部から 5-10 分以内のところに位置している（図 4-1）．社員数は，81 名でうち正社員は 66 名となっている．正社員の平均年齢は 35 歳，正社員平均勤続年数は 6 年と若い社員が多いのが特徴である．セブンフーズの組織は，養豚生産部門・支援部門・本部の 3 つに分かれており，勤務部署も 10 か所となっている．

　転換期となった 2007 年の時点では，社員数はわずか 4 名，年間の出荷頭数は 240 頭，売上高は 9,000 万円の中小規模経営であった．それが 2012 年までのわ

図 4-1　セブンフーズの農場マップ
資料：農業イノベーション大賞選考委員会（2020）より引用．

ずか 5 年の間に，社員数は 64 名，出荷頭数は 4.6 万頭，年間売上高は 15 億円にまで急拡大したのである．

　セブンフーズの経営理念および経営方針は表 4-1 に示すとおりとなっている．当社の経営理念に共感して，入社を希望するケースが多く，特に，「日本の食を守る」という使命感のある人が多い印象とのことである．内定式の際には，前田さん自ら経営理念に対する想いを伝え，社員への共有を図っている．入社式の際には，新入社員自ら理念の意味を理解してきており，経営理念の浸透が図られている．ちなみに，社名は，聖書に出てくる「七つの食べ物」に感謝する気持ちを大切にすることに由来しているとのことであり（図 4-2），「自分のもっ

表 4-1　セブンフーズの経営理念・経営指針

【経営理念】
・日本の食を守る
・次世代を担う農業界の人材育成に貢献する
・セブンフーズ式農業を通じて環境保全および地域に貢献する
・全社員の物心両面の幸福を追求する
【経営指針】
・高い技術力で感動を生む商品を創造しよう
・広く世界に目を向けオンリーワン企業を目指そう
・仲間を信頼し，組織力を高めて最大限の力を発揮しよう
・ルールを遵守し，健全な企業風土をつくろう

資料：セブンフーズホームページより引用．

セブンフーズ(株)社名の由来

聖書の中の記事で，今から 2000 年前，イエスはユダヤの平原で 5000 人の群衆に福音を語っておられました．夕暮れになり，朝からなにも食べていない群衆を見て，イエスは深く同情されました．
町から遠くはなれた場所で，大勢の食料を確保するのは困難でした．すると一人の少年が彼の持っていた 5 つのパンと 2 匹の魚を差し出しました．イエスは，この七つの食べ物に感謝をささげ群衆に分け与えました．するとその七つの食べ物は配っても配っても減ることなく，ついには 5000 人の人々を養ったというのです．
「自分の持っているものはわずかなものだが，しかしこれを社会にささげてみよう．きっとそれが多くの人々の役に立ち，喜ばれるかもしれない」．ささげられた「七つの食べ物」，これが「セブンフーズ」の社名の由来となっています．

図 4-2　セブンフーズの社名の由来
　　　　資料：農業イノベーション大賞選考委員会（2020）より引用．

ているものはわずかなものだが，しかしこれを社会にささげてみよう．きっと
それが多くの人々の役に立ち，喜ばれるかもしれない」という思いからである
と前田さんは言う．

　以下では，セブンフーズの事業における中心的な取り組みである「人的資源
管理」「ICT 活用」「持続可能な循環型農業」の3つについてみていこう．

3．人的資源管理

　人的資源管理に関しては，「人材育成を重視した人事評価」「働き方改革」な
どの取り組みが図られてきた．そのなかでも重要なのは，表 4-2 に示した太字
の取り組みである．以下では，それらについてみていこう．

（1）成果主義による大やけど

　現在のセブンフーズでは，人材育成を重視した人事評価は，「成績・損益目標」
「職務遂行能力」「執務態度」の3つにより行われている．そのなかでも，「職
務遂行能力」における人材育成は，最重要課題となっている．ちなみに，それ
らの評価の比重は以下のようになっている．「成績・損益目標」に関しては，目
標に対する結果の評価となっており，その比重は20%以下に留めるように設定
している．「職務遂行能力」は，スキルの向上などの評価であり，こちらは40%
前後となっている．「執務態度」は，業務態度や心身管理を重要視しており，評
価比重は40%前後となっている．

　さて，話はさかのぼるが，先に示した表 4-1 の経営理念・経営指針が掲げら
れたのは，規模拡大を図っていた最中の 2010 年頃であった．その後，2012 年
に大手企業の人事部長からの指導を受け，成果主義の人事評価を導入した．成
果主義での評価比重は，成績・成果が7割，スキルや勤務態度が3割であった．
人事評価自体は 2008 年から導入していたが，規模拡大をさらに推し進めるこ
とを念頭に置いた成果主義への転換である．この評価導入が，その後のセブン
フーズを大きく変えることとなる．

　成果主義の制度は，これまでの社員の働き方そのものを大きく変えてしまっ
た．協力的であった部門間での人流は，成果市場主義の名のもと，社員は目の
前の目標数値達成に重きが置かれ，次第に，部門間での協力・交流をする余力

表 4-2　セブンフーズにおける取り組み

	経営展開の変遷	雇用管理・給与・労働環境	人材育成
2007	・養豚場規模：出荷頭数 240 頭	・人事制度なし ・週休 6 日＋リフレッシュ休暇年間 5 日	・現場での OJT のみ
2008		・新卒の採用開始で雇用増 ・人事評価制度の導入 ・年 1 回の昇給制度	・コンサルティング獣医の指導 ・各種免許取得の支援 ・社内会議の定例化
2009	・飼料を自社工場にて製造開始	・従業員の大幅増員	
2010	・養豚場規模：出荷頭数 2.2 万頭		
2011	・新養豚場のフル生産開始	・従業員の大幅増員	
2012		・成果主義の人事評価制度を導入	・5S 活動の開始
2013		・基本給の引上げ	
2014	・野菜生産部門の開始；5ha	・従業員の退職増加 ・総合評価型人事制度の導入 ・ノー残業デーの導入	・国内視察・研修の推進
2015		・採用活動への従業員の参加 ・基本給の大幅引上げ	・役職従業員の一泊合宿開始
2016		・外国人技能実習生の入社	
2017	・野菜生産部門の規模拡大：15ha	・ワークライフバランス制度試験的導入 ・35 歳以上の 5 年毎の人間ドック	・海外視察研修の推進
2018	・社内営繕部門の創設	・完全週休二日制の導入 ・ワークライフバランス制度導入 ・長期休暇取得支援	・全社員への一泊合宿開始
2019	・社内営繕部門の増員	・健康推進活動	・各種免許取得の推進
2020	・既存養豚場の生産能力拡充（増改築）	・中途採用者の雇用促進 ・特殊技術取得者雇用推進	・役職希望者選抜研修 ・現場改善案の募集と推進活動

資料：前田ら（2021）より引用.

は失われていった．結果，収益性は向上せず，人事評価のために，人事部は膨大な準備と作業に追われることとなった他，現場との乖離も生じ軋轢を生むこととなり，大きな混乱が生じた．導入から 2 年後の 2014 年には，20 代の女性社員を中心に大量の退職者が出る事態が発生した．養豚では力仕事や重機に乗る機会が多く，ただでさえ男性中心の組織社会であったことに加え，そこに，成果主義の制度を導入したことにより，「昇進基準・降格基準が曖昧」，「キャリアプランが描きにくい」，などの苦情が続出し，社員は意欲を失ってしまったのである．当時 19 名いた女性社員のうち，なんと 6 名が退職してしまった．そこ

には，幹部候補生として育ててきた若手社員たちが含まれていたため，前田さんは大きなショックを受けた．成果主義導入後，社員の意欲は大きく低下し，売上高も目にみえる形で激減し続けた．当然のごとく，経営幹部からは問題点の改善を求める声が噴出し，成果主義による人事制度はわずか3年足らずで幕引きとなった．

　こうした経験は，前田さん曰く「大やけどをした」とのことであるが，セブンフーズの大きな転換点となったことも事実である．2015年からは，「社員の労働時間を下げながら，どうやって生産量を挙げていくか」といった悩ましい問題を抱えながらも，社員の長期定着の必要性を感じ，人材育成への舵を取ることとなった．前田さんは，「成果主義の経験を糧に，焦って結果を出すのではなく，労働条件や福利厚生の改善を図り，人材育成をすれば，自ずと結果はついてくる」と強く思い，長期的な視点から評価制度を導入することを決意した．ちょうどこの時期，豚の市場取引価格が高かったこともあり，人件費をかけながらも労働環境の整備，人材育成を行うことで「どのような効果を生むのか」という期待と「やるなら今しかない」という覚悟を胸に，改革に取り組んだのである．以下では，そうした新たな取り組みについてみていくこととしよう．

（2）モチベーション向上を喚起する組織づくり

　ところが話はそう簡単なものではなかった．「どうやって次の役職者（幹部）を育てながら規模拡大・事業拡大を図っていくのか」，頭を悩ます日々であった．養豚飼養に係る技術習得は，一朝一夕に行くものではない．特に，上司にとっては，部下の育成を図りながら，規模拡大の目標に向け現場での業務を行っていくことは，極めて過酷な任務であったといえよう．社員の短期育成のために作業を細分化し，OJTを実施しつつ，社員のモチベーションを喚起しようと奮闘したに違いない．

　試行錯誤の末，生み出されたのが図4-3の組織構成図である．この組織図は，階層的な人的組織を示しているが，キャリアアップの仕組みを内包したものである．例えば，副農場長は次の農場長に，現在の農場長は，新しい農場ができればそこの農場長になるといったキャリアアップの道筋を提示することで意識づけを図り，そのもとで人材育成を図る仕組みとなっている．このような上司へのキャリアアップの道筋の提示することで，社員のモチベーション向上を促

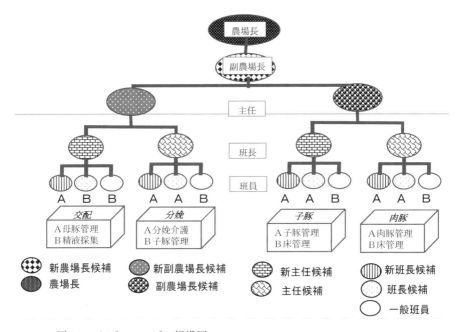

図 4-3　セブンフーズの組織図
資料：農業イノベーション大賞選考委員会（2020）より引用.

す取り組みは，全社員，個人個人の成長へとつながっていき，その成長が今日のセブンフーズの基礎となったのである.

（3）社員と組織の win-win の関係を築く「働き方改革」

　次いで着手したのが「働き方改革」である. セブンフーズでは 3 年前の 2018年度より完全週休二日制を導入し，休暇数を年間 104 日に増加させることを試みた. 毎日作業がある養豚業界の常識・イメージを打ち破る異例の取り組みといえよう. 当然，導入に際しては，農場長・社員達からは「社長，導入は難しいですよ」と，反対・苦言が寄せられた. 完全週休二日制を導入した場合，通常，残業が増えるなどの懸念がある. ところが当社では，業務の明確化を図り，各々がその日行う業務を集中的に終了するよう心がけた結果，効率化が図られ，月の残業時間はなんと平均 3 時間にまで削減することができたのである.

　さらに，長期休暇の取得が可能な制度（マイウイーク）の導入を試みた. 生き物相手のところもあり，なかなか長期休暇を取ることは難しいのが業界の認

識である．当社では，そうした常識にとらわれず，年度末に予約制で長期休暇取得が可能な週を設定し，最大9日の有給休暇がとれる制度を実施した．この制度は，女性社員だけでなく若い社員にも好評であり，福利厚生の面でも意味のある取り組みとなっている．

　また，「働き方改革」の前進的な取り組みとして，仕事と私生活の共存を図るための「ワークライフバランス」の改善にも5年前より取り組んできた．これまでセブンフーズで働いていた女性社員は出産などで職を離れた場合，現場復帰をせず，退職してパートの仕事についたケースもあった．こうした流れに関して，「これまで経験を培ってきた人材の流出を意味し，当社にとっては大きな損失である」と前田さんは言う．「貴重な人材に社内復帰してもらうために，会社全体で支える仕組みづくり，性別・子育ての有無にかかわらず，働く人すべてにとってチャレンジできる仕組み作りが必要である」と前田さんは常々考えていた．そこで考案されたのが「ワークライフバランス」の仕組みだ．最初は，女性社員のみが対象であったが，現在では，全社員が対象となっている．特に，独身の男性職員は，親の介護などにも活用されており，好評であるという．こうした取り組みは，組織と社員の win-win の関係を築く革新的な人事戦略といえよう．

（4）社外に出ての人材育成

　セブンフーズでは，社内での人材育成への取り組みだけでなく，社外においてもさまざまな取り組みを導入している．前田さんのなかで，最近，特に良い取り組みだと思っているものの1つが2015年より始めた「一泊合宿」である．当初は，役職員の一泊合宿であり，年次計画を作成するために1月に合宿を行っていたのが始まりである．中間管理職・班長は2年に1回，入社3年以上の一般社員（シニア），3年未満の一般社員（ジュニア）は2〜3年の間に1回，合宿を行うなど全社員へと拡張してきた（ただし，現在は，新型コロナウイルス感染症の影響で合宿が実施できない状況となっている）．合宿では，キャリアに応じたグループ分けを行い，育成内容に合った専門家を呼んでワークショップを行っている．そこでは，社内の事業内容の共有化や，自身が思っていることの報告，質疑などが行われる．また，夜には交流会が開かれ，社員同士の話し合いは尽きることがなく明け方まで続くという．合宿では，社員が学ぶだけで

なく，自身を表現する発表の場を設け，社員の横のつながりを深めるとともに，自身の成長のきっかけづくりにもなっている．

この合宿に関して，前田さんは，「口に出して言えない本当に伝えたいことや，聞きたくても聞けなかったことなど，普段の業務ではなかなかできないことが，一夜を共にすることで打ち解け合うことができ，社員の成長につながる貴重な場である」と考えており，今後も継続していきたいイベントの 1 つであるという．

また，国内・海外視察研修も，社員が楽しみにしているイベントの 1 つである．この研修は，「広い視野をもった人材を育てたい」という前田さんの思いより開始されたものである．

国内研修は 2014 年から開始され，農場視察や展示会への参加，中小企業大学校への宿泊研修，薬品・飼料メーカーなどが主催する勉強会への参加が行われている．

一方，海外研修は 2017 年より開始された．毎年 3〜5 名が参加するが，参加できるのは幹部に限られている．主な行き先は，ドイツ・フランス・スペイン・オランダなどのヨーロッパであり，農場視察の他，展示会への参加が主な研修先となっている．もちろん，観光の時間も貴重な研修スケジュールに含まれている．こうした国内外の研修は，社員のモチベーションアップにつながっている．

4．ICT を活用した養豚飼養・人材管理

養豚飼養においては，ICT を活用したアニマルウェルフェアの取り組みが図られている．飼養管理のシステムとして，12 年前にヨーロッパから取り入れたシステムを活用している．このシステムでは，母豚に IC タグを装着し，フィーディングシステムと連動させ，母豚の健康管理と生産能力を管理している．疾病や受胎などに関することもこのシステムにより早期発見ができる優れものだ．導入当初は，システムを稼働することに苦労していたが，現在では，当社になくてはならないものとなっている．特に，女性社員からの支持が高いとのこと．ICT でデータを管理することが可能となるとともに，これまでの成績が一目でわかるようになったことで，作業の効率が格段に上がったという．

また，人材管理においても 3 年前よりクラウド上での管理システムを導入し，社員のデータを管理している．例えば，履歴書，配属・異動履歴，役職の他，

人評価履歴，免許など，知りたい項目に関するキーワードを入力すると，該当する社員が一覧として確認できる．このシステム導入以前は，データ管理が煩雑で，引継ぎを行う際にも支障をきたしていたことがあったが，システム導入後は，スムーズな引継ぎが可能となった．社員が 100 名近くいるため，この人材管理システムがないと，管理しきれない状況となっている．

5．持続可能な循環型農業をめざして

　地域連携の取り組みとして，養豚農家 5 戸と飼料稲生産農家，食品加工関連企業の他行政などと畜産クラスターを形成している．この取り組みは 15 年目に入り，九州全域に広がっている．クラスター形成においては，「各自，自分のところだけでよいという考えではなく，仲間と一緒に，地域と一緒にやっていく，事業拡大・成長していくという思いでつながっている」という．通常は，農協や飼料会社などがクラスターに参画するが，生産者だけでクラスターを形成しているのは全国的にも珍しいケースである．

　また，これらのメンバーに加え，地域の学童保育施設，学生インターンなども参加し，食育・農育活動を行っている．社員の子供や地域の子供が参加し，スイートコーンやサツマイモ，野菜の植付，収穫，バーベキューなどの交流を図ることで，次世代を担う子供たちに農業の楽しさを伝えている．

6．コロナ禍におけるリスク管理

　2020 年は，新型コロナウイルス感染症拡大防止への対応に明け暮れる日々が続いた．年度末の 3 月に人事部で話し合いをし，4 月には社員全員を集め，社としてどのような対応を行っていくのか，対応マニュアルの共有を図った．急ピッチでことが進む中，最も悩んだことは「いかに公平にするか」であった．あの時のことが頭をよぎる．そう成果主義に基づく人事評価である．同じ失敗を繰り返すわけにはいかない．

　養豚では，母豚や子豚の管理，えさの給餌，ふん尿処理など，1 日も作業を休むことができない．コロナウイルスの感染を未然に防ぎながら，生産性を落とさず，業務を継続して行うことが求められた．「限られた時間の中で，どういっ

た状況になると業務を停止するのか」，線引きを判断するための数値が必要である．各農場にはさまざまな数値を提出してもらい，本部がそれを集約しマニュアルに落とし込む．各農場，それぞれ置かれた状況が異なるため，集約することは困難を極めた．

　前田さんをはじめ，社員一同「新型コロナウイルス感染症拡大防止」，この状況を何とか乗りこえることだけを考え，マニュアル作成にあたった結果，社員が一丸となり，何とか対応マニュアルを完成することができた．未曾有の事態は，困難を極めたが，「これまでの経験を活かし，社員を信頼することで，ピンチをチャンスに変えることができた」と前田さんは自負している．

　その他，新型コロナウイルス感染症拡大の影響として，資材や燃料の高騰により主要部門である養豚飼養における生産コストの増加は，避けられない状況となってきている．また，獣医師が県外在住のため，感染症拡大防止の観点から豚舎への立ち入りを制限することもあり，これまでのように獣医師の指導を受けることができなくなったことも飼養環境において大きな痛手となっている．さらに，社員交流や研修を実施することが難しい状況が続いているため，社員のモチベーション低下が危惧される．この点に関しては，社員の成長スピードが鈍化することも意味しており，長い目でみると，セブンフーズを担う人材育成・人材教育にも多大な負の影響をもたらしている．

7. おわりに

　以上のように，セブンフーズでは，次世代を担う人材育成を念頭に置いた「組織と社員の win-win 関係を築く革新的人事戦略」を展開してきた．従業員 1 人 1 人のライフスタイルを最重視し，公平かつ効率的な人的資源管理の実施を行ってきたことが大きな特徴である．具体的には，仕事と私生活の調和を目指した「働き方改革」と称し，ワークライフバランスを支援する施策の導入，完全週休二日制・長期休暇の取得（マイウイーク），さらには，国内や海外での現地視察研修などの人材育成の取り組みを実現してきた．

　これまで述べてきたように，セブンフーズは決して順調に経営成長してきたわけではない．多くの失敗があった．そうしたなか，「より良い職場環境整備，性別・子供の有無に関わらず，働く人全てのチャレンジ」を掲げ，四苦八苦し

てきた前田さんと社員の思いが，今日のセブンフーズを作り上げてきたのである．「人材育成こそが成長につながる」というセブンフーズの取り組みは，これからの畜産業における先進的取り組みであろう．

　以下，余談であるが，以前，セブンフーズを訪問させてもらったことがある．確か2019年の秋ごろであった．防疫措置の関係で豚舎には入れなかったが，母豚が何百頭も近くにいる事務室の窓を開けても，驚くほどににおいが気にならなかった．通常，豚のふん尿は浄化槽で処理をしているが，セブンフーズでは独自開発した発酵床（バイオベッド）を敷き詰めた豚舎で飼育しており，ふんや尿をしたあとすぐに発酵処理を行うため，ほとんど臭いはしないという．

　前田さんより，社内でいろいろな取り組みについてお話をお伺いさせていただいたあと，「みせたいものがある」と言って，案内してくれたのが，シェルターである．このシェルターは，1か月程度は生活できる非常食を完備したものである．「なんで，こんなところ（養豚場）にシェルターが…」と驚いた．シェルターは，熊本震災の時には，ガソリンや物資などの備蓄がなかったため，社員のみならず近隣の地域の人たちも不安な時間を過ごしたという．「この地域で何かあったときのために，われわれ，社員や社員の家族だけでなく，地域の人たちも困らないように，可能な限り準備をしておきたい」との思いより，建設したという．熊本震災を体験したことにより，これまで以上に社員や地域の人々への思いが強くなり，優先順位への価値観が大きく変化したという．人を大切に思い，地域と共に歩んでいく，前田さんとセブンフーズの今後の取り組みが楽しみである．

参考文献

セブンフーズホームページ，https://seven-foods.com/farm/
前田佳良子・澤田守・納口るり子（2021）戦略的人的資源管理と組織文化：大規模養豚法人を事例として，農業経営研究，59（3）：22-31.
農業イノベーション大賞選考委員会（2020）農業イノベーション大賞2020受賞者講評・講演・出展要旨（農業情報学会大会講演要旨集別冊）：48pp.

第 5 章　農業版 iCD を使った農業人財育成モデル
―長野県御代田町のトップリバー―

青山浩子

〔キーワード〕：人材育成，農業版 iCD，体系的教育システム

1．トップリバーの経営概要および特徴

　トップリバー（長野県北佐久郡御代田町）は，レタス・キャベツなど高原野菜を生産・販売する農業法人である．同時に，独立就農をめざす若者を雇い入れ，農業経営に必要な技術やノウハウを習得させ，独立までサポートする教育機関でもある．北佐久郡御代田町を中心に県内にある 55ha のほ場は，独立をめざす従業員が実践的なトレーニングを積む場所でもある．従業員（令和 4 年 4 月時点）は 28 名で，売上高（令和 3 年）は約 15 億円である．

　2000 年の設立以来，これまでに 50 名余りの卒業生が独立し，長野県を中心に全国各地で農業経営者として活躍している．これまでに離農した卒業生はいない．就農者の育成および独立支援をおこなう農業法人は全国にあるが，50 名という実績をもつ法人としては唯一だろう．

　毎年 5 名〜10 名を目標に新入社員の採用をしており，独立就農を目指す若者を中心に，営農，営業職の募集を行っている．募集方法は，自社のホームページおよび新卒専用の求人サイトである．

　新入社員の初任給は年齢，経歴問わず一律 20 万円であり，昇給は，人事考課の結果に沿った評価基準，制度にもとづいて実施している．賞与についてもやはり評価制度に基づき支給額を決定している．これまで，本社がある御代田町を中心に規模拡大を図ってきたが，近年は，従業員数が増えたこともあり，本社から約 70km 離れた富士見町の耕作放棄地を含めた農地を活用し，規模拡大をおこなっている．

　独立志望の従業員は，入社して 3 年から 6 年後の独立をめざし，春から秋にかけて高原野菜づくりに全エネルギーを注ぐ．生産された野菜は，外食・中食などの実需者との契約を通じて販売される．この生産から販売に至るプロセス

の随所に，ICT 技術が活用されている．従業員のうちから徹底的に情報を活用
し，独立後，着実に利益を確保できる経営力を身に着けてもらうためだ．

　同社が活用する ICT 技術の多くは，(株)日立ソリューションズ東日本などと
連携し，開発したオリジナル商品だ．営農管理システム「トップシステム」は
その1つで，2010 年より運用を始めた．同社の従業員は，ほ場ごとの作業履歴
の入力から始まり，生育状況や病虫害情報の入力をしていく．研修後半で農場
長クラスになると「トップシステム」を使って，資材費や人件費に基づいて収
支計画を立て，収穫後には達成状況を検証するというように，経営者さながら
のトレーニングを積む．同社は 2014 年，富士見町，JA 信州諏訪とともに，一
般社団法人農林水産業みらい基金の助成先に選定された．この基金の一部は，
「トップシステム」のバージョンアップに活用された．

　さらに 2019 年，農林水産省の「スマート農業技術の開発・実証プロジェクト
（以下，スマート農業実証プロジェクト）」の対象法人として採択された．これ
により，AI を活用した生育予測をもとに，高精度な出荷予測をする実証事業に
着手した．同時に，実需者からの注文を一元化し，需給調整にも用いる受発注
システム「ASADORE くんクラウド」の精度も高めた．

　なお，卒業生のなかには独立後，生産した野菜をトップリバーに出荷する経
営者もいれば，独自で販路を開拓する経営者もいる．前者の場合，独立後もトッ
プシステムや ASADORE くんクラウドを使うことが可能だ．

2．ICT を活用した教育ツールの構築

（1）能力や習熟度を一元管理

　生産から販売にいたるプロセスで ICT 活用のインフラを整備した後，満を持
して取り組んだものが，人材教育における ICT 活用である．同社での従業員教
育は，生産現場でおこなわれる栽培技術の習得に限らない．農閑期を利用して，
財務，労務，人事，マーケティング，リスク管理など多岐にわたる．習得すべ
き知識やノウハウは，入社年度や習熟度などによって個々に違いが出る．同社
ではこれまでパソコンのソフトを活用し，従業員ごとに教育プログラムの進捗
管理をしてきた．しかし，課題があった．同社で率先して ICT 導入をすすめて
きた嶋崎田鶴子社長はこう話す．

　「どの従業員がどの教育を受けたのかという情報をこまめに更新していく作業は思いの他手間がかかる．どうすれば，従業員の能力や習熟度を体系的に一元管理できるだろうかと長い間考えてきました」．若い従業員にとって受け入れやすい体系化された教育ツールの必要性も感じていた．「いまの若い人には，目にみえる物差しを示す必要がある．『がんばればできる』と精神論を説くやり方は通じない時代ですから」（嶋﨑社長）

　こうしたテーマを抱えていた嶋﨑社長は，スマート農業実証プロジェクトで連携関係にあった企業を通じ，iCD というツールの存在を知った．「これを従業員教育に活用できるのではないか」―．これが後の農業版 iCD として開発されることになった．

（2）習熟度を診断し，教育と連動させる iCD

　iCD とは，i コンピテンシ・ディクショナリーの略で，もとは IT 関連業務に従事する人に求められる業務（タスク）を体系化したものだ．嶋﨑社長が iCD に着目した最大のポイントがまさに，タスクである．従業員に対し，研修中に習熟すべき能力をわかりやすく示すと同時に，指導側に立つ上司や経営陣が従業員の習熟度をタイムリーで確認するためには，タスクという概念がきわめて有効だと感じた．

　農業分野におけるタスクとは，一般的に生産工程をさらに細分化したもので，大中小に分類される．トップリバーが策定したオリジナルの農業版 iCD（表 5-1）の一部を例にとると，露地野菜が大分類，除草や生産マネジメントは中分類に分けられる．除草はさらに畦畔除草，畝間除草，機械整備および器具の手入れからなる小分類に分けられる．各小分類のタスクをどのレベルで習熟しているかを評価するために，小分類ごとに 1 項目以上の評価項目がある．畦畔除草に該当する評価項目は「草刈り機を使える」，「草取りにかかる作業量を理解する」の 2 つである．

　評価項目において重要なポイントは，「できるか」「できないか」という二者択一では診断をしない点だ．診断後の教育にむすびつけることに重きを置いているからだ．従業員は，それぞれの評価項目に対し，「知識・経験ともになし」というレベルから「トレーニングを受けた程度の知識あり」「サポートがあれば実施できる，またその経験あり」「独力で実施できる，またその経験あり」「他

表 5-1　トップリバーの農業版 iCD（一部抜粋）

タスク			評価項目
大分類[注1]	中分類[注2]	小分類	
露地栽培	除草	畦畔除草	草刈り機を使える（草刈りルールあり）
			草取りにかかる作業量を理解する
		畝間除草	除草剤を撒く（手竿・背負い動噴・ブーム）
		機械整備および器具の手入れ	除草作業で使用する機械および器具の整備点検（オイル交換を含む）を行う
生産マネジメント	生産計画	品目・品種の検討	計画した出荷数量を達成するために，単位面積あたりの予定数量を実現するための品種を選定する．
			過去の収穫実績に基づき，時期，標高，土壌特性などを意識した品種を選定する（定性的）．
		リスク管理計画の策定	主要なリスク（スケジュール，資材計画，組織・要因，調達，費用，品質）を洗い出す．
			リスクの発生確率や影響範囲をマッピングする．
			リスクの影響度を計り，対応の優先順位を決定し，対応策を立案する

資料：トップリバーが作成した農業版 iCD（露地野菜）の一部を抜粋したもの．
注 1：大分類には，露地野菜，生産マネジメントのほか，事業戦略策定，事業戦略把握・策定支援，マーケティングセールスが設定されている．
注 2：露地野菜の中分類には，除草のほか，育苗，耕うん，施肥，マルチ張り，定植，防除，潅水，収穫，運搬，出荷，収穫後作業があり，それぞれ小分類，評価項目が設定されている．

者を指導できる，またその経験あり」の 5 段階のレベルから自己診断する．この結果を上司が点検する．そこにギャップがあれば，そのタスクに対する従業員への教育が必要だと気づき，教育プログラムに連動させていくことができる．

（3）iCD の普及のための組織を設立

　例えば，「畝間除草」という小分類には，「除草剤を撒く（手竿，背負い動噴，ブーム）」という評価項目がある．この項目のレベルが，上司の期待値に比べて低いと診断されれば，除草剤を撒く動画をクラウドにアップし，従業員に繰り

返しみてもらうことで，スキルの向上を図っていくというわけだ．診断結果を
もとに，従業員の未熟な分野をみつけ，的確な教育と結びつけられる点が，iCD
の最大の特徴といえる．

　同社が，農業界に存在していなかった iCD という概念を取り入れ，人材育成
に有効なツールとして確立できた背景には，冒頭で述べた通り，10 年以上前か
ら IT 企業と連携し，同社にマッチした ICT 商品を共同で開発してきた蓄積が
大きく影響している．今般の iCD の開発では，スマート農業実証プロジェクト
のメンバーである一般財団法人浅間リサーチエクステンションセンター，(株)
日立ソリューションズ東日本，(株)ファインドゲート，iCD 協会などがそれぞ
れの役割を担った．

　なお，IT 業界で使われている iCD のタスク数は 4,500 にのぼる．この中から，
農業分野に必要なタスクを絞り，トップリバーむけにカスタマイズした．この膨
大な作業に，スマート農業実証プロジェクトのメンバーであり，税理士・中小企
業診断士である(株)吉川順子事務所の吉川順子代表が監修役として携わった．

　タスクの洗い出しおよび絞り込みにおよそ 3 か月を要し，2020 年 12 月から，
同社の農場長など一部の従業員を対象に，試験運用を始めた．21 年春には，全従
業員が自身の仕事と関連の深いタスクを確認し，レベルの自己診断をおこなった．
これを直属の上司である農場長がチェックし，最終的に承認という流れをたどっ
た．基本的には，1 年に 2 回程度，タスクのレベル診断および上司の確認作業を
おこなうことにしている．IT 業界では，自己診断結果を昇給など人事評価と連動
させる動きもあるようだが，同社は想定していない．嶋﨑社長は「まず，個々の
レベルを確認し，習熟度に沿ったスキルアッププログラムとむすびつけることが
優先課題．成長のモチベーションにつなげていきたい」と話す．

　実際に自己診断をおこなった従業員も肯定的な評価をしている．入社 1 年目
のある従業員は「それまで農業は経験と感覚の世界だと思っていた．自己診断
ツールを使ってみて，業務が体系化されていることにいい意味で驚いた」と振
り返る．一方，部下を抱えている入社 5 年目の従業員は，「自己診断をした結
果，まだ人に教えられるレベルに達していないタスクがあることに気づいた」
と話す．その後，同社のベテラン社員や，独立就農した先輩に聞きながら，未
熟なノウハウを補ったという．

　他にも，「名もなき業務の明確化により，業務引き継ぎの効率化が期待できる」

「独立にむけ，経営参画意識がより高まった」という感想が出たという．

　同社を含み，農業版 iCD の開発にかかわったスマート農業実証プロジェクトメンバーらは，この存在を広く農業界に知ってもらうため，iCD の普及をすすめている一般社団法人 iCD 協会の内部に，「農業版 iCD タスク研究部会」を立ち上げた．同部会は，露地野菜限定ではあるが，農業現場で一般的に適用されるタスクのサンプルも公開している．iCD の導入を検討する法人・企業へのサポートにも着手した．

3．人材の外部化・流動化にも符合

　同社が iCD の運用を始めたことを知り，すでに複数の農業法人が iCD に着目し，導入にむけて準備中だという．法人によって作物も栽培方法も異なるため，タスクのカスタマイズ化や評価項目の策定，運用にむけた準備などが必要となる．短期間でこなすとしても 4 か月程度がかかり，費用は 30 万円〜150 万円程度とのことだ．

　家族や少人数の従業員で作業を行う経営体であれば，iCD に頼らずとも，直接意思疎通を図りながら人を育てることは可能だ．嶋﨑社長によれば，iCD を運用には，5 名以上の従業員がいることが目安になると話す．日本農業法人協会が 2021 年 10 月に公表した「2020 年農業法人白書」によると，正社員を 10 名以上抱える農業法人が全体の 25％に達し，これらの法人は潜在的なユーザー

写真 5-1　独立をめざして生産技術を始め，経営に必要なすべて学ぶトップリバーの従業員

写真 5-2　これまでに 50 余名の独立就農者が誕生した

となろう．

　嶋﨑社長によると，農業参入企業，あるいは農業人材のマッチング企業での活用が考えられると話す．マッチングを行う企業が，求職者に iCD を使って自己診断をしてもらい，習熟度を確認した上で，登録企業に紹介するという仕組みができれば，マッチングの精度向上につながるだろう．

　農業現場で働く人材は，家族や正社員という固定の人材のみならず，短期・長期のアルバイト，外国人材など外部化が進んでいる．同時に，農業界の中でも転職をしたり，季節によって異なる地域で働いたりと流動化の傾向にある．そうした人材が，どの仕事にどの程度習熟しているのかを見分け，同時に教育プログラムとも連動できる iCD は多いに役立つ．

　「経験を積み，勘を養いなさい」という教え方のみで，次世代の農業者の育成は難しいという点は農業関係者の共通の認識であろう．その点で，新たに農業に入ってくる人材にとって，また人材を育てる経営者側にとって，客観的に評価し，育成へといざなう iCD という考え方を紹介した同社は，農業界の人材育成において新たな一石を投じたといえる．

参考文献

農業イノベーション大賞選考委員会（2022）農業イノベーション大賞 2022 受賞者講評・講演・出展要旨（農業情報学会大会講演要旨集別冊），56pp.

青山浩子（2021）組織力向上に結びつく人材育成〜トップリバーが運用を始めた自己診断ツール"農業版 iCD"〜，野菜情報 2021 年 12 月号，農畜産業振興機構.

第6章　地域資源・ICT活用低コスト野菜生産モデル
―岡山県笠岡市のエーアンドエス―

上西良廣・南石晃明・長命洋佑

〔キーワード〕大規模露地野菜作，ICT，地域資源，販路拡大，事業拡大

1．エーアンドエスの沿革

　本章では，農業イノベーション大賞 2020 の優秀賞（ビジネスモデル分野）を受賞した有限会社エーアンドエス（以下，エーアンドエス）について紹介する．エーアンドエスは 2003 年に設立され，干拓地が広がる岡山県笠岡市で農業生産および加工・販売を行う大規模露地野菜作経営である．代表取締役は大平貴之氏である（写真 6-1）．表 6-1 は，エーアンドエスの沿革と大平氏の経歴である．

　エーアンドエスは 2010 年から笠岡干拓において農業生産を開始している．この時に農地を借りるのではなく，自社農地を購入した．これは笠岡干拓において腰を据えて農業をするという意思表示をすることで，地域の信用を得るという目的があった．この効果もあって，2011 年には大型区画農地 10ha を貸借して経営面積を一気に拡大することに成功し，同時にカボチャの生産を開始した．これ以降も，農地の購入および貸借によって経営面積を拡大し続けており，2021 年産の面積は 83ha である．品目別にみるとタマネギ 34ha，キャベツ 47ha，カボチャ 2ha である．また，2020 年度の売上合計に占める各品目の割合はタマネギ 34％，キャベツ 65％，カボチャ 1％となっており，タマネギとキャベツが主力品目である．役員は 5 名，正社員は 11 名，パート従業員 30 名である．人材は，人材募集サイトなどを通じて採用している．一昔前は地元の岡山出身の方の応募が多かったが，近年は日本全国から応募がある．

写真 6-1　大平貴之さん

表 6-1　エーアンドエスの沿革と大平氏の経歴

2003 年	設立.
2008 年	大平氏が農事組合法人忍の里に入社.
2010 年	エーアンドエスが笠岡干拓地に参入し，自社農地 2ha を購入し農業生産開始.
2011 年	笠岡市などが所有する大型区画農地 10ha を貸借．カボチャの生産開始.
2015 年	加工業務用野菜の生産開始．キャベツ，タマネギの生産開始.
2017 年	自社農地 2ha を追加購入．大平氏が代表取締役となる.
2018 年	自社農地 12ha を追加購入.経営面積 70ha 超となる(うち自社農地 16ha).
2020 年	スマート農業実証プロジェクトに参画.

　資本金は 7,000 万円であり，アグリシードファンド（アグリビジネス投資育成株式会社）を活用している．また，2016 年に集中豪雨の被害に見舞われた際には「農林漁業セーフティーネット資金」（日本政策金融公庫）などの制度も活用している.

　代表取締役の大平氏は，1975 年の岡山県生まれで，父親が建設会社を経営しており非農家出身である．大学と大学院では微生物や発酵の研究をした後，植物の品種改良を行うブリーダーとして種苗会社に就職した．日本全国の農家とブリーダーとして話をする中で，自分自身で農業生産をしたいという思いが強くなったことから，2008 年にエーアンドエスの関連会社である農事組合法人忍の里（三重県名張市）に転職した．エーアンドエスには 2013 年に入社し，2017 年から代表取締役に就任している.

2．経営の概要

　エーアンドエスの栽培品目はタマネギ，キャベツ，カボチャであるが，栽培品目を決定するにあたっては，機械化が可能である重量作物であり，かつ輸入量が上位の品目に注目した．この背景には，笠岡干拓では圃場整備によって大型区画農地（一区画が約 10ha）が広がっており機械化に適していること，輸入量が上位の品目は国内での生産が不足しており国産の需要拡大を見込めること，さらに周辺の農家と競合しないことなどが理由として挙げられる．競争相手はあくまで輸入品であり，国産シェアを増やしたいと考えている．これらの条件を満たす品目

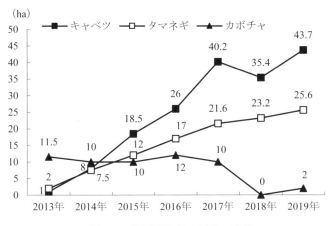

図 6-1　品目別作付け面積の推移

としてタマネギ，キャベツ，カボチャの 3 品目を選定した．これら 3 品目は，それぞれヒガンバナ科，アブラナ科，ウリ科であり連作障害を防ぐことも可能である．栽培品目を決定する際のキーパーソンは現会長（当時の社長）の山本晃氏であった．特にタマネギは，コロナ禍以前は輸入量の約 9 割を中国産に依存している状況を危惧しており，国産シェアを拡大したいと考えていた．

　図 6-1 は，品目別の作付面積の推移を表している．タマネギとキャベツの作付面積は大幅に増えている一方で，カボチャの面積は大きく減少している．カボチャの面積が減少している理由として以下の 2 点がある．一点目は，カボチャは収穫作業が機械化できておらず，従業員への作業負担が大きいためである．二点目は，カボチャの市場価格は上がっているが，エーアンドエスが営農する地域では増収が期待できず，大規模かつ粗放栽培が可能な北海道産に価格で太刀打ちができないためである．

3．経営理念

　エーアンドエスの経営理念は，「常に改善・前進」，「社会貢献企業」，「顧客優先企業」，「自由で明るい企業」，「従業員の生活基盤の確立」の 5 つである．この中で大平氏が最も大切にしているのが「常に改善・前進」である．社内で問題が生じた際には，社員に加えてパート従業員にも参加してもらって議論し，

解決策をみつけるようにしている．大平氏は，問題が起こったときこそ改善・前進のチャンスであると捉えており，皆が納得するまで徹底的に議論をするようにしている．このような前向きな経営理念をもっているため，後述するコロナ禍での危機的状況をチャンスに変えることができたと考えられる．

　他の経営理念に関しても内容を詳しくみていく．「社会貢献企業」に関しては，規格外のタマネギなどを笠岡市に寄付して，学校給食やNPO団体，介護福祉施設などに配ってもらうという取組を行っている．お金を寄付する方が手続きとしては簡単であるが，農産物を寄付することで地元の野菜について知ってもらうきっかけとなり，地域活性化にもつながると考えている．

　「顧客優先企業」に関しては，実需者などの取引先から商品に関するクレームが入れば，コロナ禍以前は必ず現場まで行って直接話をすることで対応していた．大平氏は「現場に答えが落ちている」と考えており，直接対話をすることで顧客のニーズをさらに正確に把握することでき，ニーズに即した商品の提供が可能となる．その結果として，不要なコスト削減によってより安価での納品，および取扱量の増加という効果が得られ，経営規模の拡大を後押ししている．

　「自由で明るい企業」に関しては，パート従業員も含めた社員同士，さらには大平氏も社員と一緒に昼食を食べるようにしており，立場を超えて隔たりなく自由にコミュニケーションをとれるようにしている．この時の何気ない会話が，人材の適材適所への配置にもつながっている．

　最後に，「従業員の生活基盤の確立」に関しては，従業員が安心して働くことができるように，他産業並みの給与および福利厚生の実現に向けて取り組んでいる．また，ムキタマネギの加工施設を整備するなど，年間を通じた安定雇用に向けた取組も行っている．

4．経営面の特徴

　以上の経営理念を掲げるエーアンドエスの農業経営面に関する特徴として，次の3点が挙げられる．

　（1）ICT・スマート農業技術の導入，（2）JAを利用した集出荷および販売体制の構築，（3）ピンチをチャンスに変える経営行動の実行，である．以下では各特徴について詳しくみていく．

（1）ICT・スマート農業技術の導入

　エーアンドエスは，笠岡干拓の大型区画農地（一区画が約10ha）という自社の強みを活かして，定植機や自動収穫機などの大型農業機械，さらにICTおよびスマート農業技術を導入することによる省力化，低コスト化を実現している（写真6-2）．2020年度には農林水産省のスマート農業実証プロジェクトに採択され，キャベツのスーパーセル苗の育苗・利用技術や無人トラクターとの協調作業，高速・高精度定植などの実証試験を行っている．

　また，底面給水育苗システムを導入し，作業時間の大幅削減に加え，苗の斉一化，病害リスクの低減化を実現している（写真6-3）．さらに，経営・作業管理システム「アグリノート」を導入し，経営管理および財務管理を効率化している．エーアンドエスはグローバルGAPの認証を取得しており，「アグリノート」は認証に対応しているため，重宝しているという．

　このようにエーアンドエスでは，大規模区画という自社の強みを活かして，大型機械やICT・スマート農業技術を導入することで機械化を進展させているが，それと同時に人材育成にも力を注いでいる．具体的には，機械化にともなう作業体系を構築することで，農業技術や経験・体力に乏しい人材でも働ける環境を作り出すことや，従業員の技術水準を同じレベルまで高めることが可能になると考えている．つまり，機械と人の役割分担を明確化することで，生産性の向上や従業員の雇用の維持，従業員の技術水準の向上などの効果が期待できると考えている．

　また，子育て世代の時間が限られた女性や定年退職後の人材が活躍できる環境を創出するために，希望する出勤日，時間帯で勤務ができるような体制を構

写真6-2　自動収穫機

写真6-3　底面給水育苗システム

築した．人材育成に関しては，大平氏が従業員と一緒に昼食を食べるなど密に
コミュニケーションをとり，各個人の適性を見極めた上で，適材適所の人員配
置に取り組んでいる．さらに，後述するように，ムキタマネギの加工施設を整
備するなど，年間を通じて安定雇用ができるように工夫している．

　以上のように，大型機械やICT・スマート農業技術を導入し，省力化・低コ
スト化に取り組むことで，輸入農産物に引けを取らない価格での国産野菜の生
産販売を実現している．

（2）JAを利用した集出荷および販売体制の構築

　2つ目の特徴は，地域資源であるJAを積極的に利用していることである．具
体的には，取引先と直接契約せずにJAを通して集出荷および販売を行ってい
る．JAを通すことで受注，代金決済，集出荷管理などをJAに委託することが
できるため，自社の人的資源を集中的に生産部門に投入することができる．そ
のため，JAに支払う手数料を高いとは感じていない．また，JAを通して出荷
することで，天候不順や異常気象などの気候変動によるエーアンドエスの出荷
量の変動リスクに対応することが可能である．つまり，エーアンドエスが不作
で出荷量が少ない年は，JAが他の産地から補うことで取引先との契約数量を満
たすことができる．一方で，エーアンドエスが豊作で出荷量が多い年は，JAが
他の産地で販売してくれる．取引先と直接契約をした場合は，このような出荷
量の変動リスクに対応することは困難であるが，JAを通して契約することでリ
スクの軽減が可能となる．

　販売面では，エーアンドエスは契約栽培に特化している．これは契約栽培の
場合は市場出荷と異なり，取引先との交渉によって価格を決定できるためであ
る．自社で価格を交渉・決定することができなければ，経営を維持・発展させ
ることは難しいと大平氏は考えている．現在では播種の半年前に，JAを通して
取引先と交渉を実施することで，計画的な生産・出荷体制を構築している．岡
山県内でもトップクラスの生産量を誇り，扱うロットが非常に大きいため，交
渉を有利に進めることが可能となっている．

　さらに，利用料を払ってJAが所有する倉庫などの大規模施設を積極的に活
用している．このことによって，自社で施設を所有する場合と比べて，設備投
資や維持費用，減価償却費などを抑えることができる．

（3）ピンチをチャンスに変える経営行動の実行

　3つ目の特徴は，コロナ禍におけるピンチをチャンスに変える経営行動を実行していることである．コロナ禍以前のエーアンドエスは，加工業務用のキャベツやタマネギに特化していたため，コロナ禍による外食需要の落ち込みの影響が甚大であった．具体的には，需要減の影響を受けて，2020年にタマネギ180tを畑にすき込むという事態に直面した．このような経営の危機的状況に直面したにも関わらず，大平氏の経営判断によってピンチをチャンスに変えることに成功している．経営行動の具体的な内容として，タマネギの販路拡大と事業拡大について紹介する．

1）販路拡大

　先述したように，コロナ禍の影響が直撃し，大量のタマネギを畑にすき込むという最悪の状況に直面した．しかし，笠岡市役所の関係者がこの話を聞いて，新しい販路の選択肢としてふるさと納税の返礼品を紹介した．そこで，試しにふるさと納税の取組を始めたところ，約12,000件にものぼる予想以上の引き合いがあり，返礼品の売り上げは約600万円（2020年5，6月）に達した．さらに，この取組を始めて大平氏が最も衝撃を受けたのは，利用者から「美味しい」という味に関する評価をもらったことである．加工業務用に特化していたときには，味よりも歩留まりが良く，かつ大きくて硬いタマネギが実需者から求められていたため，美味しさの優先順位は低かった．そのため，味に関する肯定的な評価を初めてもらったことで，自社のタマネギの商品価値について新たに認識することとなった．今後は美味しさを自社商品の強みの1つに加えて，販売戦略を立てる予定である．

　コロナ禍以前の販路は加工業務用に特化していたが，コロナ禍の影響を受けて返礼品に加え，小売用，生食用としてスーパーや生協などの新たな販路を開拓している．このような積極的な販路拡大によって，加工業務用の出荷の落ち込みを，小売用，生食用の出荷で補うことができ，売り上げはコロナ禍前の水準を維持している．このように，コロナ禍における需要減少という危機的状況に追い込まれたため，打開策としてこれまでとは全く異なる販路を開拓したところ，自社商品の強みについて認識するきっかけとなり，新たなビジネスチャンスを見出すこととなった．このため，大平氏はコロナ禍前のように加工業務用に特化した形態に戻すつもりはなく，今後は自社でネット販売を手掛けるこ

とも検討しており，引き続き積極的に販路を拡大したいと考えている．

2）事業拡大

　コロナ禍の影響で中国の工場が稼働停止したことで，最大の輸入先である中国産タマネギの国内における輸入量が減少した．中国産タマネギは原体ではなくムキタマネギという皮むき加工済みの状態で輸入されていたが，輸入量が減少したことで国産ムキタマネギの需要が高まった．同時に，実需者は中国産ムキタマネギへの依存度が高い状況に危機感をもっており，国産ムキタマネギに対するニーズがあることを把握したことで，大平氏はこの状況をビジネスチャンスとして捉えた．そこで，経済産業省の補助事業を活用して，ムキタマネギの加工施設を整備し新たにムキタマネギの出荷を開始した．2021 年 10 月時点では一日に約 3t の加工能力があり，2022 年 4 月以降には一日に約 10t を加工できるように体制を整えているところである．

　これまでは原体のみを出荷していたが，ムキタマネギは原体で出荷・販売する場合と比べて高付加価値化が可能であり，収益性が高いという特徴がある．販売単価は原体が 50 円/kg であるのに対して，ムキタマネギは 130 円/kg である．また，端境期の収入と就業機会の確保という効果もあり，従業員の安定雇用につながることも期待できる．

　以上のように，コロナ禍の影響で加工業務用の需要減という経営の危機的状況に直面したが，消費者および実需者のニーズを把握して販路拡大および事業拡大という経営行動をとったことで，自社商品の強みの発見や販売単価の向上，従業員の安定雇用などの効果が得られ，チャンスに変えることに成功している．

5．おわりに

　本章でみたエーアンドエスは，干拓地における大型区画農地という自社の強みを生かして，大型機械や ICT・スマート農業技術を導入し省力化，低コスト化を図っていることに加え，JA を通した集出荷および販売体制を構築することで，生産・流通・販売という各段階において効率化を実現している．その結果，輸入農産物に引けをとらない価格での国産野菜の生産というビジネスモデルの構築に成功している．また，消費者・実需者のニーズを正確に把握することで，コロナ禍におけるピンチを一転してビジネスチャンスに変えることに成功している．

　2022 年度の経営面積は約 150ha であり，2021 年度の倍近くとなっているため，今後もさらなる経営の飛躍が期待される．

参考文献

農業イノベーション大賞選考委員会（2020）農業イノベーション大賞 2020 受賞者講評・講演・出展要旨（農業情報学会大会講演要旨集別冊）：48pp.
大平貴之(2021)「岡山県の事例：加工業務用に生食用・小売用等を加えて販路と事業を拡大－大規模露地野菜作の事例－」第 71 回地域農林経済学会大会特別セッション資料，https://a-rafe.org/99/10
有限会社エーアンドエス，http://www.sinobinosato.jp/kasaoka/index.html

第7章　人材を育てながら，規模拡大を続ける
―新潟県上越市の穂海農耕―

青山浩子

〔キーワード〕：生産から出荷までをスマート化，需要に合わせた品種選択，デー
　　タ活用による反収増加，人材育成，農業コンサルティング

1．異色の新規稲作経営者

　穂海農耕（新潟県上越市）を率いる丸田洋社長は，新潟の稲作経営者として
は異彩を放っている．170ha という大規模面積ながら，コシヒカリをほとんど
作らず，外食で使われる業務向けのコメづくりに特化している．しかも，エン
ジニア出身の工学系，非農家出身だ．

　マーケティングセンスも独特だ．2017 年，日本農業法人協会が主催した「第 2
回次世代農業セミナー」でパネラーとして登壇した丸田社長（写真 7-1）は，聴
衆にこう訴えた．「農業でもマーケットインの考え方が重要だ．私たちにとって，
コメのユーザーは消費者だけでなく，外食業者や加工業者さんでもあるので，そ
れぞれのニーズに合わせた米づくりをしている．また，まだ市場に出回っていな
い品種を取引先に紹介し，『こういうコメがほしかった』と言ってもらうことが
できれば，それがコメの需要拡大につながる」―．セミナーの観客席で聞いてい
た筆者は，思わずひざを打った．そ
んな考えからなのだろう．同社は農
研機構中日本農業研究センター北
陸研究拠点（上越市）と綿密な連携
を図り，新品種の栽培試験などを積
極的に引き受けてきた．

　法人設立は 2005 年．その翌年の
経営規模は 8.9ha．その後，積極的
に経営規模を増やし，2014 年には
60ha，翌年からは 106ha，125ha と

写真 7-1　穂海農耕の丸田洋社長（穂海
　　　　　提供）

驚異的な速さで拡大していった．

　外食業者など実需者のニーズを把握し，ストライクゾーンを広げていくと必然的に品種が増えていく．同じ品種でも施肥方法を変えるなど，穂海では現在30通りもの栽培方法がある．それでいて，業務向け米である以上，量の安定供給とリーズナブルな価格も必須だ．きめ細かい管理をしながら，しっかり収量を確保しなければならない．

2．生産から出荷に至るまでスマート化

　そこで登場する武器がスマート農業だ．従業員はスマホを使い，作業内容や稲の生育状況を「アグリノート」というソフトを使って入力していく（写真7-2）．これらは収量や品質の良しあしを分析し，改善につながるデータとなる．圃場では，直進アシスト田植え機や可変肥料散布機が動き回る．

　自社生産分に加え，同社は各地で連携している生産者からも米を集荷し，新潟県内外の倉庫に保管し，注文に合わせて出荷する．各倉庫への出入庫管理，運搬車両の手配業務は時に複雑化する．そこで，業務アプリ構築クラウドサービスであるkintoneを利用し，自社でシステム開発，活用している．いつどのコメがどの倉庫から出荷されたかクラウド上で確認できる．

　収穫したコメの等級確認にもICTが活かされている．皿に並べた玄米をスマホで撮影すると，AIが玄米の自動解析をおこない，等級の目安を教えてくれるアプリ「らいす」（スカイマティクス社製）が使われる．実は，丸田社長はスカイマティクス社とともに「らいす」の開発から携わった（写真7-3）．

　いまや，機械作業はスマート機械を使っているとか，圃場管理にはセンサーを活用しているなど部分的にスマート農業を取り入れている稲作経営体は珍しくない．しかし，生産から保管，出荷に至るまで一連の作業をス

写真7-2　170haに及ぶほ場は品種ごとにマッピングされている（穂海提供）

写真 7-3　コメの等級の目安がわか　　写真 7-4　生産から出荷までをスマート化
　　　　　るアプリ「らいす」の開　　　　　　　している（穂海提供）
　　　　　発に，丸田社長もかか
　　　　　わった（穂海提供）

マート化しているケース（写真 7-4）はあまりない．しかも，蓄積されたデータ
を検証し，作業内容の見直しを行い，平均反収を 8 俵から 9.5 俵へと増やした．
これらの取り組みが評価され，農業イノベーション大賞「ビジネスモデル部門」
の優秀賞に輝いた．

　ただし，道のりは決して平たんなものではなかった．稲作経営体が規模拡大
していく過程でぶつかりやすい，ある“壁”に同社も直面した．急速に規模拡大
した 2014 年から 2017 年にかけて，人材育成のペースが追いつかなくなった．

3．規模拡大の過程で直面した壁

　法人設立以来，2014 年までの規模拡大のペースは年平均で 6.5ha．従業員を
1, 2 名増やしていくことで，拡大分を含め全体の作業をまかなうことができた．
しかし，2015 年に 45ha を一気に引き受けた．「断る選択肢もありましたが，一
度断った農地は二度と借りられない」―．幹部社員と話し合い，丸田社長は引
き受けた．

　人員を補充したものの，教育する間もなく，新米の従業員を現場に送り出す
以外になかった．送り出された従業員は，何のためにやっている作業なのかよ
くわからない．皆忙しく働いており，相談相手もおらず，結果的には多くが去っ
ていった．追いかけるようにまた採用をするのだが，やはり同じ繰り返し．「ど
んどん悪循環に陥ってしまった」と丸田社長は振り返る．

　循環を断ち切るには，将来を見据えた人材育成しかないと痛感した丸田社長は，人件費の負担増大を覚悟で採用を積極的におこなった．同社がある上越市板倉地区には水田面積が 1,000ha ほどある．このうちの 400ha を集落営農組織が担っており，その多くには後継者がいない．遠からず同社に託される日は訪れる．「いまのうちに人を育てておけば，実際に依頼が来た際，スムーズに引き受けられる」と考えた．

　人に関わる仕組みをあらためて作り上げた．就業規則や賃金テーブルを整備する一方，経営陣が従業員と向き合う面談時間を十分確保するようにした．その際に活用するツールは「スキルマップ」．技術の習熟度を従業員ごとに表にしたものだ．同社が求めるレベルと，従業員自身が自己判断するレベルを見比べ，すり合わせをしていくために活用する．「やめた社員の一人から，会社が何を求めているのかわからないといわれ，改善する必要を感じた」と丸田社長はいう．新卒採用では，事前のインターンシップにて，仕事の内容を知ってもらう．入社が決まればキャリアデザインの提示（何年でどのくらいの技量が身につくか，昇進の可能性など）をするようにした．

　ICT は従業員教育にも取り入れられている．同社の従業員の多くは農業未経験だ．そこで実際の作業を動画にして，教材として活用したり，社内の情報共有ツールとし LINEWORKS を使ったりと，若手がアクセスしやすい方法を講じてきた．

　本格的な人材育成をするようになって 4 年ほどが経過した．同社の広報担当の横山佳織さんは「平均年齢が 30 歳と若いこともありますが，先輩に気軽に相談できる社風が生まれ，風通しはかなりよくなりました」と話す．

4．逆風の中で踏み出した一歩

　従業員の定着率が徐々に高まり，将来の規模拡大に備えられる体制が整ったタイミングで，コロナ禍による米価下落が襲いかかった．同社は生産と販売で組織を分けている．販売を担う(株)穂海は，自社生産のコメに加え，連携している生産者などから集荷したコメも販売している．合計で約 3 万俵に及ぶ契約数量が，2021 年産米は 10%強減った．作付け前の段階からわかっていたため，連携産地と相談し，エサ米に切り替えて，JA に出荷してもらうなどの調整をはかった．

　価格も下落した．関東地域のコシヒカリを参考に価格が決まるとされる業務用

米だが，1俵あたり1,000円〜2,000円の下げ幅となった．「業務用米の需要回復にはいましばらく時間が必要．2022年産米も厳しいと覚悟している」と話す．

　需要回復に時間がかかることを想定し，すでに新たな戦略を立て，実行している．5haでもち麦・大麦の生産を始めた．さらに加工用トマト，加工用大根も栽培するようになった．「コメがダメだから野菜ということではなく，あくまでも土地利用型の作物の延長線上．機械作業が可能な作物として選んだ」（丸田社長）．50aだった面積を2022年度は1haに増やす．「将来，作付面積が増えていけば，水田に向かない農地もまた増えていく．反収は主食米がベストだが，この農地を活用し，何を作れば収益を確保できるかという戦略を，作物の組み立てを考えていく必要がある」ときっぱり話す．

5．現場起点のコンサルティングを始動

　向かい風のなか，同社は稲作生産者を相手にコンサルティングを行う(株)穂海耕研を立ち上げた．稲作経営者自ら稲作経営の発展のためにおこなう初のコンサルティング会社として，NHK新潟の夕方のニュースで特集番組として取り上げられた．数年前からビジネスパートナーとして交流してきた大手商社出身の平井雄志さん，IT企業出身の佐藤歩さん，そして横山さんの4名が主要メンバーだ．

　農家数の減少によって，土地利用型農業の担い手には，否応なしに急速に農地が集まってきている．これらの農地を引き受け，かつ経営を軌道に乗せていくには，人を育てる仕組みを作り，運用していく必要がある．つまり，ここ10年近く，穂海農耕がたどってきた道のりを同じように歩むことになる経営体が増えていくことになる．成功も失敗も含め，穂海の経験をまるごと伝えていくことで，同じ轍を踏むことなく，経営を軌道に乗せられる．穂海耕研の狙いはここにある．

　クライアントとして想定される農家層は，40〜50haの規模を，家族あるいはプラス1，2名の雇用でまかなってきた担い手だ．来るべき規模拡大に備えて必要となる人材育成や労務管理，経営全般にわたって穂海耕研がサポートする．すでに農地は集まったが，人材育成が追いついていない担い手も対象となりうる．「あくまでも生産者の視点から支援をしていきます．コンサルタントは，生

産者の対面に立ち指導をする形となりがちですが，私たちは，生産者の横に立ち，さまざまな課題解決のために一緒に取り組んでいきます.」と丸田社長.

　立ち上がったばかりの組織とはいえ，すでに数か所のクライアントを抱え，支援を始めている. また，穂海耕研の立ち上げに際し，国や自治体，金融機関も関心を示しており，連携して支援をおこなっていく計画も進んでいる.

　同社が農業イノベーション大賞を受賞したのは 2021 年 5 月. 受賞後のプレゼンテーションでは，穂海耕研のことは明らかにされなかった. しかし，自社が歩んできたノウハウを，失敗も含めて伝授していくのだという同社の気概を知り，あらためてイノベーション大賞の受賞にふさわしいと感じた. 現状に甘んじることなく挑戦を続けるイノベータとしての穂海グループの今後に注目していきたい.

参考文献

農業イノベーション大賞選考委員会（2021）農業イノベーション大賞 2021 受賞者講評・講演・出展要旨（農業情報学会大会講演要旨集別冊），52pp.

第8章　パン職人のまなざしで小麦を作る
―北海道本別町の前田農産食品―

山田　優

〔キーワード〕：小麦，イノベーション，ビジネスモデル，スマート農機，パン職人

1.「前田さんは宇宙人だから」

　北海道本別町で 120ha の畑作を経営する前田茂雄さん（47，前田農産食品代表取締役）を訪ねると話したら，知人のジャーナリストが，意味のよく分からない表現で彼のことを評していた．しかし，帯広市内で一緒に杯を傾け，翌日に前田さんの農場を訪ね仕事ぶりを取材してしばらくすると，何となく冒頭の言葉が分かってきた．2019 年末のことだ．

　面白そうと判断すると，思いっきり首を突っ込む．会話をしていると，次から次に豊かなアイデアが浮かび，話題が四方八方に飛び回る．メモをとる方はたまらないが，1 時間取材すると頭の中が一杯になる．後でメモ帳をみながら振り返ると，なかなかポイントが絞れない．今でも前田さんからは「○○で酪農やってる○○さんがとてもユニーク．一度取材してみて」というメールが時折寄せられる．

　前田さん（写真 8-1）には伝えたいことが山ほどあるのだ．

　前田さんは過去 10 年以上，毎年全国のパン職人との交流会を地元で開いている．近年は自分の畑に迷路を描いて子どもたちを招く．電子レンジで膨らむポップコーンのビジネスを始める．地元の経済団体の役員を務める．農業者の国際交流団体を立ち上げて代表になる．

写真 8-1　次から次へとアイデアが浮かび，実践する前田茂雄さん（著者撮影）

　1つひとつがとてもユニーク．掘り下げれば，1つの話題だけで記事が数本書けるほどだ．「私たちはお客様と共に種をまき，共に育ち，わくわく感動農業を実践します」という前田農産食品の経営理念が，そのまま経営を横串のように貫かれている．

　普通の農業経営者という物差しでは測ることができない．そのことを「宇宙人」という言葉で表現したのだろう．

　農業情報学会が主催する 2021 年度の農業イノベーション大賞で，前田さんはビジネスモデルが優れているとして表彰された．需要者と深く結びつき，農業のスタイルをしなやかに変える柔軟さ，周りの人たちを巻き込んで消費者との交流をすすめる先見性．そうした経営の根底に「わくわく感動農業」が据えられている．

　たんにスマートな農機を並べて「イノベーション」と胸を張るのではなく，農業経営の進め方がイノベーティブなのだ．機械がスマートではなく，前田さんの経営というか，経営理念が特筆できる．あまりスマートな農業機械のことに触れず，いっぷう変わった経営内容について説明しよう．

　前田さんと言えば，全国のパン職人との深くて長い交流が有名だ．受賞理由の柱の1つが，実需者の目線で取り組む独特の小麦栽培だった．

　しかし，20年近く前まで，前田さんはふつうの小麦農家だった．農協の指導で適正な栽培基準を守り，品質の優れた小麦をできるだけ多く生産し，出荷する．畑作政策に守られる小麦は，国が定める品質を保ちながら，できるだけ低コストで生産することが目標となる．

　こんな前田さんの常識を，突然揺さぶったのが，帯広市で老舗ベーカリーの杉山雅則さん（45）との出会いだった．杉山さんは2004年に，前田さんの農場を訪ねた．「私たちにあなたの小麦を譲ってくれないか」と切り出した．
まずは，少し長くなるが，杉山さん（写真8-2）の紹介をしよう．前田さんの小麦づくりが転換する上で，大きな役割を果たしたからだ．杉山さんは帯広市に本社を置く株式会社満寿屋商店の社長．70年前の創業から4代目．実際に会ってみると，ぼくとつとした話しぶりで，気負っている感じはない．ごく普通のパン屋さん．パン職人というイメージだ．

　ところが，満寿屋のめざすパンはひと味違う．杉山さんの理念を一言で表せば「徹底的に地元十勝産にこだわる」というもの．平凡なスローガンに聞こえ

写真 8-2　十勝にこだわるベーカリー，満寿屋の杉山社長（著者撮影）

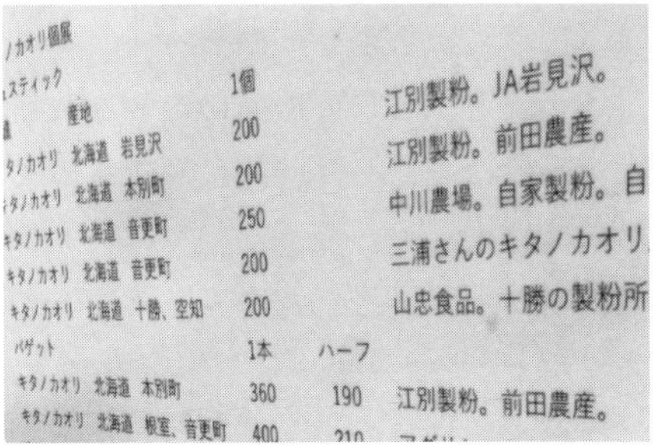

写真 8-3　都内の個性的なベーカリーのメニューの一部．品種はもちろん，生産者や製粉会社にまでこだわっている（著者撮影）

るが，やってきたことは創造的で信念に満ちている．パンの原料の小麦，砂糖，イースト菌などはすべてが十勝産．チーズやあんこなど菓子パンの具までがほとんど地元のものにこだわっている（写真 8-3）．

「日本のベーカリーの製造器具，技術は，昔から北米産の小麦粉を使うことを前提にしてきた．私たちが地元の小麦粉を原料にすると，最初は満足な膨らみができない．原料の小麦はもちろん，パンの焼き方まで試行錯誤の歴史だった」

満寿屋は創業時から地元への強いこだわりをもっていた．小麦に囲まれた十勝で，なぜ外国の小麦粉を使わなくてはならないのか．地元の原料ならば目にみえて安心だ．何より，おいしいパンが焼けるはずだ．農業地帯にあるベーカリーなら似たような発想をもつだろうが，杉山さんたちはそれをすべての製品にまで結びつけた．

いちばんの難関はパンに適した小麦粉を安定して手に入れることだった．北海道では製パンに適した品種開発が進んでいたが，年間を通して数量がまとまらないとおいしいパンは焼けない．杉山さんたちが工夫を凝らしても，原料の品質が毎年変わっては努力は水の泡だ．

そこで杉山さんは地元の経済団体活動で知っていた前田さんに依頼してみることにした．

杉山さんの訪問を，前田さんは不思議な思いで迎えたと振り返る．

　前田さんは言う.

　「小麦農家で自分の家の小麦を食べる人はいない. 米なら炊いて食べるけれど, 小麦は製粉し, 製品に加工することが必要. だから, 99%の農家は収穫して農協に出荷したらすぐに次の作業に集中する. 私たちもそうだった」
前田さんが残っていた小麦を渡すと, 数日後に杉山さんが焼きたてのパンを抱えて戻ってきた.

　「初めて自分の小麦を味わったのが自分の中できっかけになった. それまでは小麦は出荷しておしまいの作物だった. 私もおいしいパン作りに協力することを決めた. 私も以前から小麦を栽培するだけでは限界があると考えていたからだ」

　前田さんは東京農業大学を卒業後, 米国の2つの大学で農業を学び, 2000年に本別町の実家に戻った.

　米国で過ごした時代はちょうど農業不況の真っ最中だった. 穀物価格が低迷し, 農家の破産が相次いだ. 大学で寮生活をしていたとき, 同じ部屋のクラスメートが突然退学することになった. 聞けば実家の農業経営の不振で学費が払えなくなったと言われた.

2. 効率だけでは行き詰まる

　「あんなに規模が大きくて効率が高い米国農業でも, いったん不況になれば経営が行き詰まる. 日本でも猫の目農政は同じ. しかし, はちまきを締めて大声を上げるだけでは未来が開けるとは思えなかった」

　ばく然と「十勝の小麦を地元で食べてもらいたい」と考えパン用品種を手がけていたが, 具体的な出荷先のことまで思いが至らなかった. 杉山さんから「十勝小麦をパンとして食文化にしたい」と前田さんは聞いた. その言葉に, 農業の持続性を感じ目指す方向が固まった.

　2009年に全国のパン職人などに呼び掛けて始まった十勝ベーカリーキャンプ（その後, 北海道小麦キャンプに名前を変えて現在に至る）に前田さんも参画. 地元の小麦農家やパン職人, 製粉技師や研究者など小麦の作り手たちとの交流会に広がった. 全国各地から訪れるパン職人に「顔のみえる小麦粉」も売り始めた. 前田さんはいったん出荷した小麦を買い戻し, 地元のこだわりの製

粉会社で丁寧にひいて販売するようになった.

　販売先のパン職人をよく知っているから, 前田さんはその人たちが求めるスペックが頭の中に入っている. パン職人たちが焼く製品にぴったりな小麦を生産することが前田さんの仕事だ.

　「パン職人たちと話していて, 分かったことがある. 僕らはずっと, 小麦のたんぱく質含量を増やせ, 増やせと言われてきたし, そういうふうに栽培を改良してきた. ところが, 実際にはそんな単純な話ではないことが分かった」ある年, 天候に恵まれて最高の品質の小麦が採れたと自信をもって小麦粉を出荷すると, パン職人から思わぬ返事が返ってきた.

　「たんぱく質含量が高すぎて, 思いえがく美味しいパンが焼けなくて困る」そこから前田さんの試行錯誤が始まった. 杉山さんが指摘したように, 日本のパン産業は米国の真っ白くてふんわりした食パン作りを基準にして発達した. その中に国産パンが分け入るためには, 北米産の小麦のように均一で高いたんぱく質含量が必要と考えられてきた. 国内のパン小麦改良は, どのようにしてたんぱく質を増やすかが勝負だった. 品種改良や栽培技術によって, 目標とするたんぱく質含量に近づいた.

　ところが, 近年国内各地で急成長している国産小麦を使う小さなベーカリーは, 米国基準の食パン作りを目指していない. むしろ対極にある多様で複雑な味わいを特徴とするパン作りで競うようになってきた. 一律に高たんぱく質の小麦を求めるのではなく, 焼き上げた後の食感とか香りとかに結びつく小麦を手に入れたいのだ.

　前田さんが日頃から付き合うのは, そうした個性的なパン職人たちで, 一人ひとりがまったく異なるスペックの小麦を遠慮なく求めてくる. 他でも手に入る小麦を注文する職人はいない. だから前田さんが可変式施肥機のハンドルを握るとき, まなざしはパン職人を意識したものに変わる.

　インタビューの中で前田さんが最初に「まなざし」という表現をしたときには違和感があったが, 話をしている内に, その意味が分かってきた.

　前田さんがイノベーション大賞を受賞した理由の1つに, 可変施肥機の利用が挙げられる. この機械は現在では余り珍しいものではない. 北海道など大規模農業経営を中心に近年普及が進んでいる. 衛星情報やトラクターに装着したレーザー式生育センサーの情報をもとに, 施肥量をきめ細かく調整できる. 前

田さんは 2015 年に導入した．

　普通の小麦農家は，この技術を均一な高たんぱく質の小麦を安定して生産するために使っているのだが，前田さんは「センサーなどで得られた情報をパン職人や地元の製粉会社と共有し，それぞれにとって望ましい小麦を作るため」と言い切る．

　その理由を前田さんは「実需者のほしい小麦に近づける努力が長い目でみて経営を支えているから」と説明する．実際に全国のパン職人に向けてオーダーメードの小麦粉を届けるビジネスは拡大してきた．見方を変えればパン職人や製粉会社などを自分の畑に引きずり込んで，当事者にしているようにもみえる．スマート農機はその道具だ．

　もう 1 つ面白いスマート農業の実例を前田さんが教えてくれた．地元消費者に農業のことを知ってもらおうと，畑でミステリーアートを作り始めたのが 2012 年だった．20 人が 2 週間を掛けて力仕事で描いた．図面を書いて測量し，手探りのようにしてトラクターを動かした．その後，GPS 測量を入れて作業を大幅に簡単にした．

　2019 年になるとさらに進歩する．地元の生徒から迷路図案を募集し，複雑なヒマワリ迷路のアートを描いた．

　前田さんはうれしそうに言う．

　「2 人で 8 時間しかからなかった．GPS 利用の自動操舵トラクターの成果．これも立派なスマート農業だよ」

　イノベーション大賞受賞者を紹介する冊子の中で，前田さんがスマート農業の成果としていちばん強調しているのが，ヒマワリ迷路だ．「次世代がワクワクする農業実践」を大きく掲げている．

　スマート農業＝生産性の向上だけではない豊かな発想がここにはある．

3．理念を信じて強引に

　前田さんの取り組みは，地元の子どもたちを通じ，十勝の農産物のファンを広げている．

　小麦農家が自分の製品の売り先に無頓着だったように，地元十勝の消費者の多くも十勝の小麦と自分たちが食べるパンを結びつけて考えることはなかった．

パンはあくまでもパンなのだ．当時，地元産にこだわるパンのマーケットは十勝に存在しなかった．

　前田さんは小麦を使うパン職人の向こう側にいる消費者のことを常に思い浮かべる．そのまなざしにとってスマート農業が強い道具になっていることは間違いない．

参考文献

農業イノベーション大賞選考委員会（2021）農業イノベーション大賞 2021 受賞者講評・講演・出展要旨（農業情報学会大会講演要旨集別冊），52pp.

第9章　ブロッコリービジネスを極める
　　　　―静岡県浜松市のアイファーム―

川﨑　勇

〔キーワード〕：作業改善，一斉収穫，加工・業務，コスト削減，付加価値向上

1．はじめに

　静岡県浜松市にあるアイファームの事務所を初めて訪ねたのは 2020 年の暮れだった．当時は1か月ほど前に，西日本の農村地帯にある秋冬ブロッコリーの主産地を取材したばかり．同社は延べ 100ha を超える規模でブロッコリーを栽培しているとのことだったので，きっと事務所の周りに農地を集約しているだろう．そう考えていたが，住宅やコンビニエンスストアに囲まれた市街地に食品工場のような清潔感を感じる事務所はあった．道中にみかけた畑は狭く，広いブロッコリー畑はみあたらない．ブロッコリーの香りで満たされた事務所内で，代表の池谷伸二さんが熱く，きらきらした眼差しで事情を話してくれた．

2．3反から始めたブロッコリー経営

　池谷さんはもともと，浜松市内で内装業を営んでいた．ただ，2008 年のリーマンショックにより受注が激減し，回復が見込めない中で，請負型の事業ではなく，自社で何か作って売れる事業への転換を目指した．さまざまな事業を模索する中，たまたま地元で畑を無料貸し出す内容が書かれた看板が目につき，池谷さんは違和感を覚えた．

　「建設業では高い費用を払って土地を借りて資材を置いたりするのに，農業は無料で貸し出すほど土地が余っている」．

　畑の土を触ったことすらなかったが，試しに土地を借りて何か作ってみようと，同年に地元 JA とぴあ浜松を訪問．事前の調べでトマトに可能性を感じていたが，相談時にたまたまJAが苗を多く取り扱っていたブロッコリーに決め，地元の耕作放棄地 30a で栽培．JA のアドバイスを受けてほとんどミスなく栽培

でき，手ごたえをつかんだ.

　その後，地元の農家の協力も
あり耕作放棄地や離農者の農地
を引き受け続けて右肩上がりで
規模を広げ，10年ほどで県内最
大規模に成長. 地元の外食業者
での取り扱いも始まり，周年で
出荷する体制を整備した.

表9-1　アイファームの経営概況

設立	平成28年5月
資本金	3,000万円
事業	野菜の生産・販売・成分研究
栽培面積	年間延べ125ha（令和3年度）
	うち, 秋冬ブロッコリー75ha
	うち, 春ブロッコリー50ha
圃場数	約450か所
出荷量	1,250t

　2021年は4月〜6月の春作と，10月〜翌年3月の秋冬作を合わせて延べ125ha
に達した. 出荷量は年間約1,250t. 3割が業務向けで，県内の飲食店やスーパー
が中心だ.

3．建設業界の経験を生かす

　規模拡大に併せて人手を増やしてきたが，25haを越えた2013年頃に作業が
遅れるなどして，計画通りに進まなくなった. 原因は，従業員の作業の習熟度
合いにあると分析した.

　「内装業では毎月同じ仕事をこなせるので2, 3年で一人前になる. ただ，農
業は違う作業を年1回しか経験できないので習熟に時間がかかってしまう」.

　農業特有の課題を直視し，作業体制の見直しを決行. 一人の従業員が通年で
ありとあらゆる作業をこなすのではなく，土づくりから苗の管理，定植，防除，
収穫，出荷調整などの作業ごとに担当者を付け，作業を深掘りして効率化でき
るような分業体制に切り替えた. 分業化により，従業員の作業のレベルや作業
時間が安定した. 計画的に作業が進むようになり，1時間当たりの費用を正確
に計算できるようにもなった. その結果，人件費を植え付け費や収穫費，出荷
調整費など細分化. 人件費は生産費の中でも比較的大きい割合を占めるが，そ
れまでは「人件費」としか計上できず，人件費の中でもどの作業にどのくらい
費用が掛かっていたか分からなかった. 細分化できたことで，努力で削減でき
る経費が細かく分かるようになった. 作業体制の見直しの結果，感覚での農業
から費用や作業時間などの数値を基にした経営を実践できている.

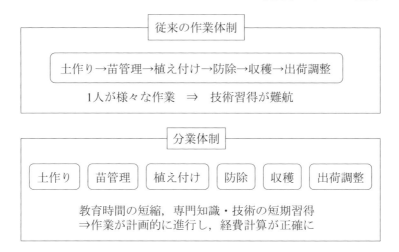

図 9-1　従来の作業体制と分業体制の比較

4．新技術で生産コスト削減へ

　同社の位置する浜松市南区は大まかに，海に面する南側に農地が多く，北側に市街地が密集する．同社は農地と住宅地が混在する南北の中間から南側にあり，10〜30a ほどの中小区画の農地が約 450 か所に分散している．

　青果用ブロッコリーは花蕾の直径約 12cm が収穫の目安だが，同じ畑でも生育スピードはバラバラのため，何度も畑に入る必要がある．同社の場合は平均10 回．収穫に加え，圃場間の移動にかかるコストも大きく，作業効率の悪さは目にみえていた．

　そこで注目したのが，ブロッコリーでは珍しい一斉収穫だ．青果用ほど花蕾径が重視されない業務向けの出荷を狙う．鍵をにぎるのはドローンで，畑で生育するブロッコリーの空撮画像を解析し，花蕾の生育を日単位で予測．花蕾が大きいブロッコリーの割合が多いなど，圃場当たりの収穫量が最大となる収穫タイミングを見極める．

　ドローンによる農作物の生育予測サービスを展開する民間企業と連携し，今冬から実証を始める計画だ．この技術が確立できれば，作業をさらに効率化できる可能性があると期待している．

　「一斉収穫ができれば，移動にかかる余計なコストはかなり削減できるだろ

う」．こう期待する．

　例えば，ドローンによる空撮と画像解析の担当者を設け，収穫日が近い複数の圃場の空撮を実施．解析結果を基に収穫する圃場の順番決めに活用すれば，圃場の収量を最大化できるだけでなく，効率的な圃場の回り方も調整できる．池谷さんは，延べ 125ha のうち 4割を業務向けに 15 人で一斉収穫

写真 9-1　ドローンによる実証を始める
池谷さん

すると想定した場合，移動時間にかかる人件費は 1 シーズンで約 580 万円削減できると試算する．

　肥料コストの削減にも取り組む．注目しているのが，葉緑素指数を基にした可変施肥だ．葉緑素計を使って，葉緑素指数を算出．葉緑素指数の度合いに応じて色分けした圃場マップを作り，葉色が濃いところに肥料を少なく，薄いところに多くまく．今後実証していきたい考えだ．仮に化学肥料を半減できた場合，肥料代や散布にかかる人件費の削減額は 800 万円以上になると試算する．

　コスト削減に注力するのは，市場価格の下落に備えるためだ．ブロッコリーに限らないが，暖冬などで生育が急に進んで出荷規格に達した場合，急いで出荷する必要がある．市場への出荷量が急激に多くなれば，価格が下落する．近年は気候変動が激しく，こうした予測は難しい．「価格下落時でも利益が出るくらい，普段からコスト削減は進めていく必要がある」と実感している．

5．実需ニーズつかみ付加価値向上

　コスト削減だけでなく，ブロッコリーの付加価値向上にも取り組む．本社敷地内には，事務所と育苗施設，さらに集荷から選別，洗浄，花蕾のカット加工，袋詰め，貯蔵，出荷できる設備もある．

　鮮度が要のため，暑い時期でも品質を維持できるよう，受け入れから出荷まで低温に保っている．自社でカットして袋詰めした商品は，袋のまま電子レンジで温めてすぐに食べられる時短商品．スーパー向けに販売しており，コロナ

写真 9-2　貯蔵庫で鮮度を保ちながら
　　　　　保管されるブロッコリー

写真 9-3　ファイトベジブロッコ
　　　　　リーの包装フィルム

禍で業務需要が減った状況でも好調だった.

　加工・業務向け野菜は, 定時・定量など「4 定」が基本だ. 「シーズンを通して安定して出荷していかないと. 信頼の付加価値を高めていきたい」と, どんな時でも出荷できるよう工夫を凝らす. 寒波や災害などでブロッコリーが収穫できなくなることがないよう, 貯蔵庫ではおよそ 10 日分の出荷量を保管する. 貯蔵方法を検討しており, 品質を維持したまま最長 2 か月間貯蔵できるようにしたい考えだ. 取り引き先と生産・出荷状況を共有するために, 同社ホームページで生育や収穫の進み具合を公開し, 出荷予定量を発信している.

　2021 年 2 月には, ブロッコリーの花蕾に含まれる機能性成分, スルフォラファングルコシノレート（スルフォラファン）の届け出が消費者庁に受理された. この成分は, 血中肝機能酵素（ALT 値）を下げる効果がある. カットしたフローレットをレンチンパックに入れ「ファイトベジブロッコリー」の商品名で, 高級スーパーへの売り込みを進めている. ブロッコリー中の含有量が高まる 12〜3 月に出荷していく考えだ.

　スルフォラファンは, 静岡県の農業のイノベーション拠点である「AOI-PARC（アオイパーク）」に入居して研究した. 静岡県農林技術研究所と静岡県立大学, と共同でスルフォラファンの含有量を高められる技術の開発や, 消費者庁への届け出の準備を進めた. γアミノ酪酸（GABA）でも機能性表示できるよう準備している.

　低コスト化や付加価値向上に取り組む原動力の源は，魅力的な農業にしたいとの思いだ．池谷さんは「農業は価格の乱高下や，災害などのマイナスイメージが強いけど，困難な状況でも続けられ，しっかり稼げる農業は魅力的．次世代につなげていきたい」と意気込みを述べた．

参考文献

農業イノベーション大賞選考委員会（2021）農業イノベーション大賞 2021 受賞者講評・講演・出展要旨（農業情報学会大会講演要旨集別冊），52pp.

第10章　農業者主導のオープン・イノベーションで精密農業を実現
—北海道大空町の馬渡農場—

佐藤正衛

〔キーワード〕：精密農業，畑作経営，オープン・イノベーション，ユーザー・
イノベーション，価値共創

1．はじめに

　広い農地に大型の農業機械を導入し，専業の家族労働力を中心に農作業が行
われる，これが北海道畑作経営の典型的なスタイルであろう．このような畑作
経営をオホーツク地域で営むもうたい農場代表の馬渡智昭さんが，本賞優秀賞
（新技術分野）を受賞した．受賞理由は，「わが国における精密農業の導入段階
から，馬渡農場と(株)イソップアグリシステムが連携・協力して，多様な主体の
連携により成果を創出するオープン・イノベーション，さらに地域の農業者の
経験やニーズを精密農業技術開発のプロセスに反映させるユーザー・イノベー
ションへの主体的取り組み」（農業イノベーション大賞選考委員会 2022）が評
価されてのことである．

　本章では，馬渡智昭さんの受賞記念講演，佐藤（2022）および聞き取りした
内容をもとに，その精密農業のイノベーションについて，マネジメントの特徴，
成果の内容，営農での実践状況およびイノベーション創出の場となった連携組
織の活動を紹介する．

2．経営の概要

　もうたい農場は，大正時代に現在の北海道網走郡大空町東藻琴へ入植，祖父
の代から開拓が始まる経営であり，馬渡さんはその三代目になる．馬渡さんの
就農により，酪農から畑作へ部門を転換して以降，小麦，てん菜，馬鈴薯の畑
作物の輪作を基本に生産を行ってきた．現在は，戦略的に農業機械の共通利用
や新規作物の導入を進め，小麦，てん菜，大豆，蕎麦へと品目転換を図ってお

表 10-1　もうたい農場の経営概況

就農年	1988 年
経営の形態	個人経営
労働力	2 名
栽培作物（面積） （2021 年）	秋まき小麦（18ha） 春まき小麦（3ha） てん菜（16ha） 大豆（24ha） 蕎麦（11ha）
業種	畑作物，蕎麦加工販売
販路（作物）	農協（秋まき小麦，てん菜） イソップアグリシステム（春まき小麦，大豆） 直販（蕎麦）

出典：農業イノベーション大賞選考委員会（2022）．

り，近年は蕎麦の加工販売事業も展開している．経営面積は，オホーツク地域全体の平均約 35ha を上回る約 70ha あり，これを夫婦 2 名で営農している（表 10-1）．

　農作業体系の特徴は，195 馬力のトラクター，ボトムプラウ（20 インチ 5 連），サブソイラー（5 本爪），ディスクハロー（5m 幅），パワーハロー（鎮圧ローラー付），播種機（6 畦），スプレーヤー（33m 幅）などの大型農機を利用していること，自動操舵，農薬散布セクションコントロール，可変施肥，ロボットコンバインによる圃場収量の把握を生産にフィードバックするなど，精密農業（precision agriculture）を実践している点にある（佐藤 2022）．これら実践技術の中には，長年に渡って馬渡さん自らが技術開発，営農体系確立に携わってきたイノベーションの成果も含まれている．以下に，その精密農業イノベーションについて紹介する．

3．精密農業の可能性と法人の設立

　1990 年代後半，馬渡さんは，すでに酪農では実現していた個体管理にもとづく生産安定化，品質向上の方法を畑作に応用すべく，植物体個体管理のデータ分析による科学的生産管理に関心をもち，研究グループアスクを立ち上げ，勉強会などの活動に取り組んでいた．しかし，大規模畑作での個体管理のアプロー

チに限界も感じつつあった頃, 圃場をグリッド管理する方法論を知ることとなった. 当時はまだ日本で精密農業という語句が一般には使われていない頃である. その後, 精密農業の情報収集をはかり, 2001 年にフランスへ視察, 農家調査を行い, 日本での精密農業の実用化, 普及可能性を感じとることとなった.

そして, 2002 年に構成員農家のひとりとして, (株)イソップアグリシステム (代表 門脇武一) の設立に参画した. それ以降, 自身のもうたい農場の経営とともに, イソップアグリシステムでの精密農業の技術開発, 普及事業に役員として携わることとなる. 今回の受賞は, イソップアグリシステムと自身の農場での両活動を併せての評価といえよう.

馬渡さんは, 自身の農場での精密農業の実践によって, 生産性の向上と環境負荷低減の両立に取り組んでいる. このことがより分かりやすく, かつ明文化されているものとして, 自身も長く役員を担ったイソップアグリシステムの経営理念がある (なお, 法人の役員要件や, イソップアグリシステム従業員の成長にともない, 自農場経営に専念できるようになった役員らは, 現在は, その立場を離れている.) (表 10-2). 社名のイソップ (ISOPP) は, 「ISO14000 (環境マネジメントシステム) と, HACCP (食品衛生管理システム) および Precision Agriculture (精密農業) それぞれの ISO, P, P の文字から由来したものであり, 理念を根底において」いる (イソップアグリシステム HP). つまり, 同社の精密農業事業は, その経営理念に裏づけられ, この経営理念を実現するための目標として取り組まれており, このことは, もうたい農場にも共有されている.

表 10-2　イソップアグリシステムの経営理念

経営理念
未来を担い, いのちを育む事業を通して地域に貢献する.
1. 持続可能な社会と自然との共生
・将来世代に対する責任を明確に意識した行動を指針とする.
・地域の環境や景観に重大な影響を与えない自然保全型の活動.
2. 農と食を結んだ担い手との共育
・自立・多様性を尊重する人々のネットワーク.
・取り組みに意義付けできる人々のネットワーク.
3. 地域循環型社会の共創
・ゼロエミッションを強く意識した事業活動.
・科学的な情報の共有と信頼による資源循環の共創.
出典：(株) イソップアグリシステム HP

4．精密農業技術のイノベーション

　次に，もうたい農場，イソップアグリシステムらによる精密農業イノベーションは，何を，どうやって実現してきたのかみてみたい．

　精密農業とは，複雑で多様なばらつきのある農場に対し，事実を記録し，その記録に基づくきめ細やかなばらつき管理を行い，収量，品質の向上および環境負荷低減を総合的に達成しようという農場管理手法である．しかしながら，これを実践することは，言うは易く行うは難しの状況であった．馬渡さんらが開発した「精密農業管理システム」（図 10-1）の特徴をまとめると，次のとおりである．

　①精密農業の個別要素技術をパッケージ化し，だれでも精密農業にとりくめるようにした．

　②グループ内での研究開発で終えずに，その成果を製品として販売した．畑作の精密農業を実践するために国内で最初に実用化し，製品を販売した（2003 年〜）．

　③ソフトウェアの販売と使い方のコンサルテーションをセットにして畑作精密農業の営農支援サービスを事業化した．

　2020 年代になり，スマート農業の技術開発，実証試験，普及事例が数多くみられるようになったが，馬渡さんの取り組みは，その前に列なる精密農業の取り組みにおいて，多くの実績を上げてきた先駆的事例である．その考え方は，管理システムとして PDCA サイクルを想定し，(a) 生産活動で収集したデータを GIS で管理する，(b) そのデータを解析して経営の意思決定に利用する，(c) 蓄積したデータに基づき作業計画を立て次期の生産活動に活かす仕組みとなっている．これを実現するために開発したものが「精密農業管理システム」である．要素技術個々の説明は割愛せざるを得ないが，その中には，土壌や生育などのセンシング・データ収集技術，センシング結果を管理目的に数量化するコンピュータ・プログラム，それらを位置情報と関連付ける可視化技術，データ蓄積用データベース，解析用ソフトウェア，情報共有用のウェブアプリケーション，経営分析ツールなどのソフトウェアで構成されている（図 10-1）．製品化されたツールは，システムサプライ社から販売され，その利用は，イソップアグリシステム社がコンサルテーションサービスを提供している．

図 10-1　精密農業管理システムの製品パッケージ
出典：馬渡氏作成. 農業イノベーション大賞選考委員会（2022）

5. イノベーションの特徴

　馬渡さんらの活動の特徴は，少なくともオープン・イノベーションとユーザー・イノベーションの 2 つの側面を有している. 図 10-2 は，もうたい農場を中心として，イノベーション活動に関わる主体と，それらの主体間でのモノや情報のやり取りを矢印で示したものである.

　オープン・イノベーションは，自社だけではなく他社や大学，自治体など異業種，異分野がもつ技術やアイデア，サービス，ノウハウ，知識などを組み合わせて行うイノベーション活動である. 精密農業の技術開発は，農学，機械工学，情報科学，営農の実践知といった，多様な知識を総合化することが不可欠であり，農業者単独で実施することはできない. また，精密農業では，先端技術が組み込まれた農業機械や機器類を利用することになり，その多くは輸入製

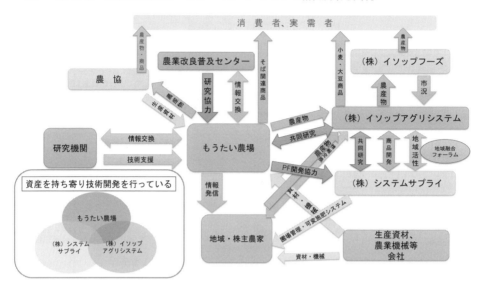

図 10-2　研究開発におけるモノ・情報・技術のネットワーク
　　　　出典：馬渡氏作成．農業イノベーション大賞選考委員会（2022）を一部修正して
　　　　引用した．

品である．しかし輸入製品は，気象や作物品種など地域性の違いが大きいことや費用対効果などの理由から，そのまま日本国内で適用することが困難である．そこで，馬渡さんは，農業改良普及センター，研究機関，民間企業らと積極的に情報交換などを行い，多様な主体との連携に努めてきた．イノベーション活動の中心に位置する者は，農業法人イソップアグリシステム，情報システム会社システムサプライ，そしてもうたい農場である．それぞれが得意とする技術，知識などの経営資源をもちより，強力な連携のもと技術開発に取り組んできた．馬渡さんは，イソップアグリシステムの一員としても活動することにより，共同研究などの社会的活動を実施可能な体制作りにも努めてきた．例えば公的資金などを活用した共同研究として，農水省「IT 活用型営農成果重視事業」（2006 年実施），農水省「ロボット技術導入実証事業」（2016 年実施）などがあげられる．

　ユーザー・イノベーションは，開発される技術などの使い手であるユーザー自らが行うイノベーション活動である．馬渡さんは，自らが研究開発組織のマネジメントを行い，自農場で実証試験を実施し，評価する．試験結果は地域の農業者へ発信し，成果の普及に取り組むとともに，農業者からの情報をまた研

究開発にフィードバックする．このようにして，可変施肥技術体系の確立や自動操舵導入効果の実証など，これまでに多くの成果を創出してきた．そして，これらの成果を自身の農場に導入することにより，リアルタイム生育モニタリング，可変施肥，セクションコントロール農薬散布，収量コンバインなどを用いた精密農業の生産体系を実践し，1人当たり年間労働時間 1,500 時間で単位面積当たり労働時間 21 時間/ha・人といった，具体的な経営成果を実現している（佐藤 2022）．

6. イソップ・コリドールによる価値共創

　上記のイノベーション活動を支え，創出する場がイソップ・コリドールである．イソップ・コリドールとは，イソップアグリシステム代表 門脇氏が提唱する持続可能な地域経済の構築を目指す緩やかな連携体である．イソップ・コリドールには，生産者（農家，農業法人），食品加工製造業者，その他地域の事業者，大学・研究機関，行政関係機関などが参加している．活動内容は，フォーラムの開催や研究開発の推進，新規の事業化であり，地域課題の抽出，解決策の検討，新商品，新サービスの提案，共同研究の発案の場となっている．共同研究コンソーシアムも，この場を利用して形成される（佐藤 2022）．

　図 10-2 に示すとおり，イソップ・コリドールの活動では，精密農業関連の情報はもちろん，より広範囲の情報交流がおこなわれ，農産物の流通ネットワークも構築されている．例えば，もうたい農場で生産された農作物は，農協とイソップアグリシステムの二箇所に出荷される．このうちイソップアグリシステムでは，受け入れた農産物を使って商品化を行い，大豆，小麦商品として消費者に届けられる．その商品には，大豆だけを原料にしたマヨネーズ風ドレッシングや和菓子事業者との共同開発による豆乳プリンなど，ユニークな食品が含まれる．

　農産物のもうひとつの出口として，営業専門の会社イソップフーズを経由して消費者に届けられるルートがある．イソップフーズは，主に大手コンビニエンスストアチェーン，デパート，スーパーマーケット，豆腐工場などへ販売している．こうした事業活動のプロセスで得られた情報はイソップアグリシステム，さらには，農産物を出荷しているグループメンバーである地域の農家，株

図 10-3　イソップ・コリドールの活動
　　　　（左）精密農業実装，（中）連携圃場集荷，（右）加工販売促進会.
　　出典：(株)イソップアグリシステム門脇武一氏提供.

主農家らへフィードバックされ，よりよい農産物を作る取り組みに繋げている.
　こうした活動を支える技術的基盤として精密農業の技術開発の成果が活用さ
れ，イソップアグリシステム社が駆動力となり，農産物のトレーサビリティ確保，
品質管理，地域の農業者へ生産支援情報の提供などが行われている（図 10-3）.

7．おわりに

　馬渡さんは，今後 5 年後，10 年後の目標や経営・ビジネスのイメージを次の
ように語っている.「今後は，精密農業の技術開発の延長線上の取り組みとして，
農作業の自動化を進めます. とくに，UAV（ドローン）や高解像度の衛星画像
といったリモートセンシング技術を応用した，病害虫防除の管理作業の高度化
に取り組みたい. これにより，現行の予防的防除と，適時に必要箇所へのスポッ
ト散布防除を組み合わせた，コスト低減，省力化，環境配慮の営農体系の確立
を目指したい. そして，特別な人だけが使える技術ではなく，難しい要素を簡
単化して誰もが使える技術として確立し，その技術を普及したいと考えていま
す.経営モデルとしては，夫婦 2 人の家族経営で 100ha 規模を想定しています.
今後の人口減少社会における一戸当たりの経営面積拡大への対応は，農業生産
上の喫緊の課題となっています. また，少ない人口であっても町を形成し，地
域コミュニティを維持して，子ども達を育てる環境，高齢者が生活しやすい環

境を構築することも農村社会にとっての重要な課題です．生産管理の自動化技術の確立，普及は，これまでのように畑に人が張り付いて住居が点在して生活するという様式を革新する可能性があり，こうした農村の課題の解決に寄与できるのではないかと考えます.」

　こうした地域農業に関わる課題の解決に向け，農業者が主導してどのようにアプローチするのか，今後の活動に注目したい.

参考文献

(株)イソップアグリシステム HP：https://www.isopp-agri.com/

農業イノベーション大賞選考委員会（2022）農業イノベーション大賞 2022 受賞者講評・講演・出展要旨，17-21.

佐藤正衛（2022）畑作における精密農業の先駆的取り組みと「共創」によるイノベーション，南石晃明編著，「デジタル・ゲノム革命時代の農業イノベーション」，農林統計出版，49-77.

第 11 章　ICT・ロボット技術活用による震災復興
—福島県南相馬市の紅梅夢ファーム—

野中章久

〔キーワード〕：原発被災地，ICT，ロボット技術，営農再開，3 階建て支援組織

1．農業の担い手が多い地域だった南相馬市

　震災前の福島県沿岸地域は，転作作物を積極的に取り入れて水稲生産の規模を拡大する担い手農家が展開する地域だった．また，有機農業が盛んな地域でもあった．男性アイドルグループが農村生活を体験する人気テレビ番組のロケ地もこの地域の山間の場所だった．2011 年の東日本大震災により引き起こされた東京電力福島第一原子力発電所の事故は，これらの活動すべてを中断させた．

　原子力発電所の事故直後，佐藤さんが住む南相馬市小高（おだか）区の大半に避難指示が出された．5 年が経過した 2016 年に同区の避難指示は解除され，2018 年より営農再開が可能となった．しかし，県内の他地域と同様，農家の帰還は半数に届かない．多くの農家が避難先にとどまり，営農再開は限られた数の担い手農家を中心に担われるものとなっている．

2．200 年以上続く農家の 9 代目・佐藤良一さん

　震災前，担い手が多い地域だったとはいえ，農家の過半は兼業農家である．その中で佐藤さんは小高区の農業を担う専業従事者の一人だった．担い手農家の中には地域の外に代替地を得て，農業経営を継続している人もいる．しかし，佐藤さんは小高区の農業専従者として地域の復興を担い，営農を再開する先導役となることを決めた．そして，小高区の他の担い手と協議を重ねた上で，地域内の担い手と連携して地域農業のイノベーションと復興を進める会社として，株式会社紅梅夢ファームを設立した．営農再開に先駆けた 2017 年 1 月 24 日のことである．紅梅は町の花，そして近くにある紅梅山浮舟城にちなんだものである．

　表 11-1 に，被災から会社設立までの歩みを示した．被災から営農再開までの

写真 11-1　佐藤良一さん

表 11-1　被災から会社設立まで

2011 年	東日本大震災により避難
2012 年	農業復興組合を組織. 瓦礫拾いや草刈りなどを開始 水稲の試験 栽培開始（40a）
2013 年	水稲とダイズの実証栽培
2014 年	ナタネの栽培を開始
2016 年	避難指示解除
2017 年	小高区内の 7 担い手組織の出資により 株式会社紅梅夢ファーム設立

道のりは，国による除染作業の完成を待つものとの印象があるかもしれないが，実際には試験栽培をはじめとする農家の主体的な取り組みがその背景にある．表に示したように，被災翌年から瓦礫拾いや草刈りなど，農地の維持管理にとりくみ，水稲の試験栽培を開始した．この試験栽培は除染後の水田における佐藤さんの主体的な取り組みで，研究機関と協力してコメへの放射性物質の移行を抑制する栽培法の確立を目指すものである．このような試験栽培は，生産したコメの安全性を確認して，早期の営農再開へつなげようとする農家の自主的な努力として，福島県の被災地で広くみられたものである．表に示した 2012 年の水稲の試験栽培では良好な結果が確認でき，翌 2013 年からは研究機関の実証試験として水稲とダイズの試験栽培を開始している．また，2014 年にはナタネの栽培に取り組み，後述するようなナタネ油の販売を開始した．2018 年の営農再開は，このような佐藤さんと地区内の担い手農家による取り組みを抜きにしては，実現しなかったものである．

　ただし，避難指示解除や営農再開は，即座に避難している人の帰還や，所有する農地での営農再開を意味してはいない．帰還率は半数に達せず，帰還したとしてもそれぞれの農地での営農再開ができるわけではない．5 年の非難生活は，会社つとめの傍らでの兼業農業や高齢者の農作業従事の体力や意欲を失わせる年月となったケースが多い．また，帰還率の低さは商店の再開を低迷させ，生活基盤の回復を遅らせるものとなる．それゆえ，帰還に対する「様子見」を招くことになり，それが帰還の低迷につながるというマイナスの循環が生じる側面がある．2018 年の小高区の営農再開は，帰還や営農再開を果たせない農家

が多いことを想定したものだった．それゆえ彼らの農地を集積し，維持・管理を担う担い手が必要とされた．それは担い手がそれまで経験したことのない面積となる．何をどのように作ってよいか，担い手にとって解らないことばかりの営農再開だったのである．小高区内には集落単位の個人の担い手や担い手組織が営農再開を準備していたが，このうちの 7 つの担い手組織が協議して，株式会社紅梅夢ファームを設立した．規模を含め，経験したことのない条件の下で農業経営を再構築するには，彼ら担い手を支援する組織が不可欠と考えられたのである．

3.「3 階建て」を意図した株式会社紅梅夢ファームの設立

　株式会社紅梅夢ファームは南相馬市小高区を本拠とする，役員・従業員 18 人，2021 年度の収穫面積として水稲 42.6ha，ダイズ 17.5ha，ナタネ 2ha，春蒔きタマネギ 0.3ha，子実用トウモロコシ 1.5ha の規模をもつ法人である．ナタネは搾油して写真 11-2 のような商品（ナタネ油およびニンニクやハーブを入れた食べるナタネ油）として自社販売している．タマネギと子実用トウモロコシは試験的に導入している作物で，県の農業試験場および農研機構と協力して取り組みを開始した．

　株式会社紅梅夢ファームの大きな特徴は，大規模法人として地域農業の担い手となることに加え，他の担い手をサポートすることを目的としていることにある．これまで全国で進められてきた集落単位での担い手への農地集積では，「2 階建て」方式と呼ばれるものが有効とされている．それは，農地の所有と耕作・経営に関する組織をそれぞれ作り，相互の連携を図るものである．農地の借り手や作業の受託者を選ぶのは地権者の自由であるが，集落内の担い手に集中するように調整されれば，担い手を支援することになる．一方，農地が担い手に集中した場合でも，水路や農道などの農業インフラの維持管理は，担い手だけで担えるものでは

写真 11-2　自社で栽培・加工したナタネ油商品

ない．地権者は「農地は集落で守る」一員であり続けるのである．そのため，地権者を組織し，担い手と協議するしくみとするのである．地権者が「1 階」，担い手が「2 階」である．

　図 11-1 に示したように，担い手は個人，法人，組織と多様であり，また，地権者も全員参加する集落営農で集落の農地を経営する場合もある．そのため，「1 階」と「2 階」の関係は一様ではないが，「1 階」は農地や水路・農道などの管理の議論の延長として，「2 階」の農地集積を議論・取り決めることが基本となる．それにより，「2 階」は集落 1 農場に近い形で農地が集まり，生産効率が高くなる．小作料や農地管理に関する事項を農地の借り手と地主の間の「個々の交渉事」としないことにより，「1 階」と「2 階」の関係を円滑にする効果も大きい．集落営農は 2 階建てとはならないが，集落単位で経営に取り組んでいるため，この地権者と担い手の関係は最初から組み込まれているのである．

　株式会社紅梅夢ファームは「2 階」のさらに上，「3 階」に相当する．原発被災地では，「2 階」の担い手の活動に困難を抱えることが多い．数年間耕作されていなかった農地での営農再開は，地力回復や新規作物の導入など，多くの課題を抱えている．帰還率の低迷は担い手への農地の集積をもたらすと同時に，地域内の労働力不足ももたらす．このような技術的な問題や労働力不足の問題は，営農再開にあたって小高区の担い手組織の共通認識となっていた．そこで「2 階」をサポートする組織として，株式会社紅梅夢ファームの設立に至ったのである．そのサポートの内容は，図に示した機械のリースや労働力の支援，人材育成だが，県や国，研究機関や農機具メーカーと協力して，革新的な技術の開発参加および導入と，小高での農業復興に有効と評価された技術を担い手

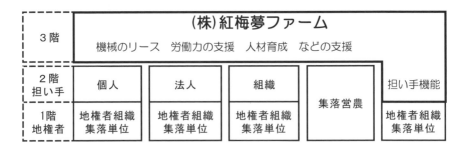

図 11-1　小高区の 3 階建て方式の組織化

組織へ普及することも重要な役割である．革新的技術の積極的導入は，地域内の担い手の技術革新と連動する3階の重要な機能である．

4．革新的技術の積極的導入と若者の雇用

　同社は「3階」の機能の一環として，農研機構のスマート農業実証プロジェクトの試験地としてさまざまな革新技術の実証試験に取り組んでいる．実証試験の内容は多岐にわたり，水田の水位自動管理システム，営農支援システムKSAS，収量・食味計測コンバイン，ドローンなどさまざまな技術が含まれている．写真11-3は従業員が運転するトラクターと自動運転のトラクターの2台で耕起作業を行っている様子である．自動運転トラクター導入は大面積の借地および作業受託や人手不足への対応であると同時に，革新的技術により営農再開が進んでいるという，復興の新たな局面を象徴する風景ともなっている．

　革新的技術は作業効率の向上だけでなく，職員のモチベーション向上，技術習得の加速をもたらし，地域農業の次世代の担い手を育成する基礎ともなっている．写真11-4は若手職員によるドローンの操作だが，デジタル世代の彼らにとって興味深い作業でもある．また，直進アシスト機能付きの田植機など，農作業のスキルの未熟さをカバーする技術も含まれている．同社の職員は，地域の農業復興に関わりたいとして就職した若者たちだが，非農家出身者がほとんどで，実際の農業は初体験となることが多い．同社の求人は，ハローワーク，就職求人誌および地元の農業高校の就職窓口を通じている．募集にあたって提

写真 11-3　自動運転トラクターに　　　写真 11-4　若手職員によるドローンの操作
　　　　　　よる複数台同時作業

示されている基本給 170,000 円〜216,000 円となっている．ハローワーク相双管内の求人票に示されている正社員（特殊技能を要さないもの）募集の基本給は，145,000 円〜275,000 円（2022 年 7 月 20 日閲覧）となっており，同社は地域の他産業と並ぶ給与水準といえる．同社では，基本給に加え免許や技能に応じた手当が用意されており，これらの諸条件も他産業並みとなっている．就職する者は，市内および近隣の出身者が中心となる．

5．IoT 技術の開発と利用

受賞当時，同社の経営規模は水稲 28ha，大豆 7.3ha，ナタネ 5.5ha，タマネギ 1.1ha であった．このうち水稲とタマネギを 5 棟のハウスで育苗していたが，このハウス温度を野中ら（2019）の農家自作型 IoT システムを導入して遠隔監視していた．さらに，育苗ハウスを高度利用するために，写真 11-5 のような花き栽培にも取り組んでいた．この育苗ハウスで利用される IoT システムは，同社専務が制御プログラムを自ら修正・管理していた．専務は福島県主催の講習会に参加し，プログラムを修正，加筆するスキルを構築し，温度計以外のセンサーを独自に導入・試験していた．花き経営には多様なノウハウが求められるため，収益部門として確立することは容易ではないが，原子力災害被災地にとって風評被害を受けにくいという大きな魅力がある．このため研究機関と連携して挑んでいた．

写真 11-5　自作 IoT システムを利用した育苗ハウスでの花き栽培

　本章執筆時点（2022 年 7 月）では，この花き栽培は中断されている．理由は急速な水田の借地面積の拡大（2020 年受賞時 41.9ha→2021 年度 63.9ha）にある．会社設立の 2017 年から 2020 年までは，コメの販売状況は，売れ残る状況はないとしても楽観できるものではなかった．また，地域の土地所有者も，明確な離農・農地貸し出しの動きは緩慢であった．それゆえ，自社加工品を含めナタネ，春蒔きタマネギといった多様な商品を生産・販売する方針であったといえる．花きもこの方針に合致するもので，いうなれば，畑作を中心とした多角経営の性格が強かった．IoT 技術の活用も，多角経営における管理として，効率化を図る手段であったと位置づけられる．

　農地の集積が急激に進んだのは 2021 年以降である．急速な離農は全国的な傾向であるが，南相馬市の避難農家および帰還農家の間でも離農・農地貸し出しが急速に進んでいる．紅梅夢ファームはこれらの農地を借り入れ，経営面積を増やしているが，この面積拡大のスピードは加速している．なお，コメは現在アイリスオーヤマのパックごはんの原料として納入されている．同社のパックごはんの販売は好調とのことで，面積が急拡大しても販売先に困ることはないとのことである．ただし，販売が 1 社に集中するのは望ましくないため，現在販売先を多様化することが課題となっている．自社販売も販売先多様化の 1 つで，2022 年より新規に建設した自社の精米施設を稼働し，販売を開始している．この背景として被災地のコメ販売の条件変化が指摘できるが，これに同調する形で同社の水稲生産の性格が復興対応から経営の確立へシフトしているといえる．とはいえ同社の現在の水稲経営の最も大きな課題は，面積拡大に対応することであり，その中でコスト低減，生産効率向上を図ることである．そのため，経営の性格も水稲を中心としたものへの変化が促されるものとなる．花き栽培の中断は労力的な要素に加え，この経営の性格の変化が背景にあるといえる．

　新たに借り入れする水田は，除染作業および圃場整備後間もないものが多い．そのため，圃場単位での収量を向上させる管理がとりわけ重要となり，そのための情報収集・分析にかかわる技術が重要となる．同社では収量コンバインや営農支援システム KSAS が当初より導入されているが，これらを用いた圃場毎の分析・評価がより重要性を増している．コメが法人の商品の中核となるにつれ，コメの品質を高めることと同時に，均質性がより強く求められる．そのため，圃場

毎のきめ細やかな管理が求められる．現在，農研機構・クボタと協力して KSAS の実証試験に取り組んでいるが，これは紅梅夢ファームのニーズに対応した改良を加えることも意図されている．このような技術開発への参画は，「3 階」の組織としての地域内の法人の支援につなげる意図もあるが，「2 階」部分の担い手経営としても，大規模経営化しなければならない状況を反映しているといえる．

6．革新技術で復興を加速：まとめ

　帰還率の低迷は農地が大量に貸し出される状況を意味する．避難農家の帰還に関する態度は，震災時にどのような仕事をしていたかに大きく左右される．野中（2018）に詳しいが，彼らは職場に近い場所を避難先として選んでいる．避難生活が長くなったということは，その職場の近くでの生活が長くなることを意味する．それは便利な生活であり，しかも子供達も近くの学校に入学する．この状況を考えるとき，帰還は容易なことではないことが理解できるだろう．一方，専業従事者であった人は，帰還・営農再開に向かうことになる．しかし，被災時に高齢であった人は，避難指示解除までの年月を年齢に加えている．営農再開は専業であった人にとっても容易なことではない．この結果，農地は大量に貸し出されることになる．それは農外の仕事の都合で離農が進むという，全国にみられる兼業農家の離農の趨勢と共通する．いわば，全国で生じている離農と農地集積の動きを早回しするような状況である．そのため，農地は急速に担い手に集積され，担い手は全国的にみても上位に位置するような大規模な経営体となる構造にある．それも，ごく短期間に，である．佐藤さんたちが掲げた 3 階建ての構想も，革新的な技術の導入も，このような地域農業の担い手としての成長を急がなければならない構造に応えるものである．そのため，かれらは原発被災地に特有な問題を克服しようと努力している人たちであると同時に，日本農業のイノベーションを先導しようとしている人たちでもある．かれらの復興の道のりは長く険しいが，かれらが実現しようとしているものは被災地だけのものではない．今回の受賞は彼らの大きな励みとなっている．引き続き多くの人たちの応援を呼びかけたい．

参考文献

野中章久・山下善道・金井源太（2019）IoT プロトタイピング・キットを利用したハウス
等の温度遠隔監視システムの開発と実用性の解明, 農業情報研究, 28 巻 3 号, pp.97-
107.
野中章久（2018）南東北における農外賃金の特徴と兼業滞留構造の後退－福島県・原子
力被災地における急速な離農傾向と就業構造－, 農業経済研究, 90 巻 1 号, pp.1-15.

第 12 章　小菊の計画出荷モデル構築による水田転換
―秋田県男鹿市の園芸メガ団地共同利用組合―

川﨑訓昭・長濱健一郎

〔キーワード〕：新規参入者，需要期出荷，安定生産，機械化一貫体系

1．稲作依存地帯からの挑戦

　日本の代表的な稲作依存地帯といえる秋田県では，稲作単一経営の占める割合が 77.1%（2015 年），74.6%（2020 年）と極めて高い状況が続いており，農業産出額に占めるコメの割合も 56.8%（2020 年）と高い．しかし，米価の下落傾向と呼応するかのように，秋田県の農業産出額は 1,898 億円（2020 年）と，東北地方で最も低い産出額となっている．気候や地形などの自然的条件を生かし稲作優等地として稲作依存度を高めてきた秋田県であるが，令和を迎えた現代では，逆にその稲作が大きなリスク要因となっており，稲作依存型の農業構造からの転換が秋田県農業の大きな課題となっている．

　そのような中，2013 年に秋田県が打ち出したのが「園芸メガ団地事業」である．これは，野菜や花きの産出額を飛躍的に向上させるために，秋田県の園芸振興をリードする大規模な園芸産地を整備し，園芸経営に専業的に取り組む経営体を育成することを目的とするものである．メガ団地の販売目標は 1 団地あたり 1 億円以上とし，団地の規模は露地型で 10〜20ha 規模，品目はトマト，キュウリ，アスパラガス，ネギ，花きなどである．

　このメガ団地の特徴的な点としては，機械や施設は JA が取得し，参画する農業者はリース方式でこれを利用する点が挙げられる．そのため，農業者は初期投資の負担が軽減できることが最大のメリットであり，「手ぶらで農業に参画できる！」がキャッチフレーズとなっている．この方式を可能としているのは，対象となる地域において，JA，市町村，県振興局などがプロジェクトチームを設置し，JA が参画する農業者を公募することによる．これは，従来進めてきた個別の経営や集落営農などの点的な支援では，園芸産地としての確立には不十分であり，大規模な集中投資により産地形成を一気に進めていくことが必要と

の認識によるものである.

　この事業は,2014年に県内7地域で開始され,現在約40地域で実施・計画
の着手が進んでいる.これまでにみられる事業の効果として,第1に大規模な
集中投資により最先端の機械化一貫体系が導入され,革新的な省力化と低コス
ト化が実現したことである.第2に,栽培方法を統一することで,実需者との
契約栽培が可能となったことである.最後,第3に大規模な雇用創出が可能と
なり,地域経済へ大きな波及効果をもたらしたことである.

2.　園芸メガ団地共同利用組合の概要

（1）コンソーシアム設立による生産体系の構築

　秋田県の男鹿・潟上地区（図12-1を参照）で展開されている「園芸メガ団地
共同利用組合」は2014年に設立された平均年齢35歳の9名の若手農業者によ
る組合である.組合員全体で,施設20棟（0.7ha）での輪ギクと露地5.0haでの
小ギク栽培が行われている.機械や栽培用施設,出荷調整施設を取得するJA秋
田なまはげに対し,秋田県と男鹿市・潟上市が助成を行い,JAは園芸メガ団地
利用組合の組合員に機械や施設を貸与し利用料を受け取るというシステムで運
営が行われている.

　昨年度の販売額に占める品目別の割合は,小ギクが62%,輪ギクが31%,ス
プレーギクが7%である.生産
額は,設立初期の2015年は約
4,000万円であったが,順調に
売上金額は伸び,2019年に1億
円の目標を突破し,直近では約
1億1,000万円の売り上げを達
成している.

　この共同利用組合が設立さ
れるまでにも,男鹿・潟上地区
では小ギクの栽培が行われて
きたが,いくつかの課題を抱え
ていた.例えば,①小ギクの用

図12-1　秋田県および男鹿・潟上地区の地図
　　　　資料：筆者作成.

途は仏花であるため，需要が盆や彼岸に集中するが，生育・開花が気象条件に左右されやすく，需要期の出荷が不安定であること，②需要期に向けた作付けに作業が集中し，労働不足による作業遅れや品質低下が発生し，規模拡大に限界があること，③新規に参入する農業者が早期に技術を習得することが難しく，経営の安定化に期間を要すること，などである．このような中，利用組合の栽培作目として小ギクが選択された理由は，スマート農業を生かした大規模機械化体系を確立することで，省力化や低コスト化が達成可能と見込まれたためである．

　この小ギクの大規模な機械化体系を構築する取り組みは，日本でも数少ない取り組みである．そのため，生産者である園芸メガ団地共同利用組合に，農業者を技術・設備の開発で支援する(株)インテック，(株)ヰセキ東北，(株)エルム，(有)今村機械，クリザール・ジャパン(株)，(株)日本総合研究所の各種企業と研究機関として国立研究開発法人農業・食品産業技術総合研究機構野菜花き研究部門，行政・農協として秋田県秋田地域振興局，秋田県農林水産部園芸振興課，秋田県農業試験場，秋田なまはげ農業協同組合がコンソーシアムを形成し，生産体系の構築を図ってきた．

（2）共同利用組合に加入する農業者の具体像

　ここでは，園芸メガ団地共同利用組合に加入する農業者の具体的な営農の様子をみていこう．

　基本的には家族労働力のみによる経営を行っており，年の労働日数はおよそ250日である．労働のピークは盆と彼岸の時期に行う収穫・選別の作業時期であり，この時期だけピンポイントで雇用労働力を導入する．雇用者は，近隣に住む子育てを終えた世代の女性，もしくは男鹿市のシルバー人材センターを通じた雇用である．近年は，1年の中で盆と彼岸の1ヶ月強という短期間のみピンポイントで雇用することが困難となっており，共同利用組合で雇用を図り農業者間で融通し合うという取り組みも模索されている．

　栽培面積は，1農業者あたりハウス2棟（1ハウスはおおよそ100坪），露地50a（25aを2枚）が基本となっている．ハウスには，電照設備，灌水設備，液費混入器，循環扇，さび病対策の硫黄燻蒸機が標準装備となっており，1棟あたり約350万円である．ここにオプションとして，暖房，日除けシェードなど

の装備を加えると，400 万円を超す．当初はハウスを設置する農地の確保に苦慮したが，近隣の大規模農業者と農作業受委託契約を結び，まとまった農地の確保が可能となり，現在 20 棟のハウスが設置されている．

　次に，基本とする栽培体系のもとでの農業所得は約 200 万円であり，その所得率は 20%を超える．具体的には，粗収益が 800 万円であり，経営費が約 600 万円である．経営費の内訳は，物財費が約 100 万円，雇用労賃が約 30 万円，光熱費が約 50 万円，物流・出荷経費が約 200 万円，地代・水利費が約 15 万円，修繕費が約 70 万円，機械利用料が約 50 万円，減価償却費が約 35 万円，保険・共済費が約 25 万円となっている．

3．大規模機械化生産体系の確立に向けて

　本節では，この大規模な機械化生産体系の確立を可能とした「大規模生産技術」「品種・技術対策」「コスト対策」の 3 点についてみていくことにしよう．

（1）大規模生産技術

　大規模生産技術を要約すると，自動直進機能付きうね内部分施用機，キク用半自動乗用移植機，小ギク一斉収穫機，切り花調整ロボットの開発・導入により，露地小ギクの作期全体の労働時間が，10a あたり 671 時間から 457 時間と約 32%の削減が可能となったことである．

　具体的に，各機械の効果についてみていこう．第 1 に，自動直進自動直進機能付きうね内部分施用機（写真 12-1 を参照）については，これまでの施肥作業は圃場全面に行っており，肥料のムダが発生するとともに，通路の除草頻度が高いことが課題となってい

写真 12-1　自動直進機能付きうね内部分施用機
資料：2022 年 2 月に筆者撮影．

た．この機械の利用により，部分施肥が可能となり，肥料コストが3割削減できるとともに，畝仕立ての精度が向上し，整地に要する作業時間が54%削減できた．特に，従来は2〜3人で畝の位置に紐を張り，その上を歩いて印をつける作業を行った上で，畝立て・マルチ張りを行っていたが，この作業をまとめて実施できるのが，この機械の強みである．現時点での課題としては，露地栽培でしか利用ができず，施設内での利用ができないため，利用効率を如何に向上させるかが挙げられる．そのため，野菜など他品目での利用をいかに行うかが対応策として現在検討されている．

　第2に，キク用半自動乗用移植機については，従来の移植作業は手作業であり，移植時期の労力をいかに確保するかが課題となっており，規模拡大の弊害となっていた．この機械の利用により，移植に必要な作業時間が73%削減できることとなった．また，手作業時に比べ，株間の間隔の誤差も改善され，栽植密度の向上にも寄与している．現時点での課題は，施設内での利用が行いにくいため，利用効率を如何に向上させるかが挙げられる．そのため，前述の部分施用機と同様に，野菜など他品目での利用が，現在検討されている．

　第3に，小ギク一斉収穫機については，移植作業と同様に，収穫作業も手作業であり，労力をいかに確保するかが課題となっており，規模拡大の弊害となっていた．この機械の利用により，収穫に要する作業時間が41%削減できる結果となった．特に，収穫作業と同時にフラワーネットや支柱も同時に撤去することが可能であり，収穫後に必要であった片付け時間の削減にもつながっている．また，収穫物に対するロスも少なく，ロス率は1%程度と低い．現時点での課題は，手作業での収穫に比べ短時間で効率的に大量のキク収穫が可能となるため，次に述べる調整用ロボットとの併用や冷蔵庫の設置が不可欠になる点が挙げられる．

　最後に，切り花調整ロボットについては，従来のフラワーバインダーを用いた手作業と比較すると，この機械の利用により，63%の作業時間の削減となった．特に，新規参入者でも熟練者とほぼ同等の時間で，規格を揃えた調整作業が可能となるため，新規参入障壁の引き下げにも寄与している．現時点での課題は，このロボットを利用できる品種が，限定されており，圃場で栽培される品種の半数に限定される点である．そのため，このロボットが適用可能な品種の選定を進めるかどうかが現場での喫緊の課題となっている．

（2）品種・技術対策

　品種・技術対策を要約すると，①耐候性の赤色 LED 電球を用いた 8 月出荷作型および 9 月出荷作型の電照栽培により，盆および彼岸時期の需要期出荷率が 60.6%から 95.5%と大幅に向上させることが可能となったこと，②露地電照を可能とする耐候性赤色 LED 電球による安定した開花調節を支えるため，球切れをスマートフォンなどにメールで通知する電照モニタリングシステムの開発・導入により，盆と彼岸の需要期に合わせた計画出荷が可能となったこと，の 2 点である．

　具体的に，各対策の特徴をみていこう．第 1 に，耐候性の赤色 LED 電球を用いた 8 月・9 月出荷作型の電照栽培である．夏秋小ギクは，これまでも需要期であるお盆とお彼岸の出荷に向けた安定生産を目指して栽培に取り組まれてきたが，気象条件によって開花が左右されることから，需要期出荷が不安定であった．キクは電照を用いることで開花調節が可能であるが，小ギクにおいては電照方法の検討や品種選定が不十分で導入が進んでいなかった．

　園芸メガ団地共同利用組合では，電照栽培に適した開花調節可能な品種の選抜から見直した上で，次に述べる電照管理システムを構築したことで，需要期内の計画出荷が可能となった．

　第 2 に，赤色 LED 電球を用いた電球・電照のモニタリングシステムである．従来から電照による開花時期の調整は，日本各地で広く行われているが，電照用電球が切れると 2 日で花芽が分化を開始し，計画生産が不可能となる．そのため，電球切れだけでなく，落雷や強風などの天候条件などにより電照システムに不備が生じていないか，夜間に見回りを行う必要があり，農業者の負担となってきた．その対応策として，園芸メガ団地共同利用組合では，台風などの強風にも耐候性をもつ赤色 LED 電球を導入するとともに，電照状態をモニタリングするシステムを導入した．このシステムを利用することで，電照の点灯状況がメールで農業者に通知されるとともに，5 分おきに監視カメラの映像や温度湿度の状況がスマートフォン上で確認ができる．このシステムを導入することで，農業者が電照の点灯をチェックする回数が 8 割も削減された．

　これら 2 つの新技術を導入することで，キクの品質と開花時期が揃えられ，作業効率が格段に向上した．また，消灯のタイミングを分散させることで，需要期内の長期的な分散計画出荷も可能となった．

（3）コスト対策

　コスト対策を要約すると，各生産者が栽培計画や植え付け実績を入力し，出荷計画を集計する出荷管理システムを構築したことにより，精度の高い出荷データの早期収集が可能となった．これにより，この情報を用いた販売戦略や相対取引による安定経営の可能性を見いだすことができた．

　具体的には，この ICT を利用した計画生産・出荷管理システムは，生産情報を早期に生産者から収集し，出荷シミュレーションを行うことができる．それを実需者に提供することで，需要期の安定的な生産契約の締結が可能となる．このシステムは，作業履歴を共有できるため，経験が浅い生産者への指導へも役立てることができる．さらに出荷計画を集約する JA の作業時間・作業負担の軽減につながり，その分の時間や労力を農業者へのサービス向上につなげることができた．

　今後は，生産・出荷データを蓄積し，この地域独自の品種別の出荷予測を行うことで，新規に参入する農業者に対するきめ細やかな指導が可能となることが期待されている．

4．新規参入者への支援のポイント

（1）「手ぶら」で農業に参入可能な仕組みづくり

　花き栽培のための設備を整えたほ場を準備し，新規就農者を受け入れるシステムは，日本のいくつかの自治体または JA で取り組まれているものである，しかし，課題として規模拡大の困難性にともなう経営発展の限界が指摘されている．

　園芸メガ団地共同利用組合では，機械化一貫体系や電照栽培技術による計画生産体系を合わせて整えることで省力化と経営の効率化を図ってきた．これは，単に新規就農者の早期技術習得と経営の安定化だけでなく，将来的な規模拡大を視野に入れた営農体系が構築されており，利用組合全体での，栽培面積は当初の 3.5ha から 5.7ha にまで拡大している．

　特に，この利用組合において，新規参入者の参入が容易となった点として，以下の 3 点が指摘できる．まず，第 1 に投資が高額なハウス設備や機械を JA がリースすることで，農業者の初期投資負担が大幅に軽減された．加えて，最先端の機械化一貫体系の導入と作業の単純化を進め，さらなる省力化と低コスト

化が図られたことで，収益性
の高い営農モデルが確立でき
たことである．

　第2に，機械の導入にともな
うリース費用の上昇分を，機械
導入による作業時間削減によ
る雇用労賃の削減や規模拡大
により賄うことが可能であっ
たことである．また，需要期出
荷率の向上と密植による出荷
量の増加により，所得率は当初

写真 12-2　冬季の園芸メガ団地内の施設の様子
資料：2022 年 2 月に筆者撮影．

の約 10%から現在では約 25%へと改善されており，産地の拡大や新たな農業者
の就農につながってきた．

　第3に，JA 以外のその他関係機関によるさまざまな支援策である．冒頭でも
述べたように，現在秋田県では稲作依存型の農業構造からの脱却を，県全体と
して推進している．そのため，JA は施設や機械のリース事業だけでなく，病害
虫防除マニュアルや作業マニュアルを県と共同で作成・配布し，栽培技術の支
援，販売活動の推進を行ってきた．このことが，県全体として推進してきた「手
ぶらで」農業に参入できる就農システムの構築へとつながり，小ギクの新たな
産地として市場での評価も向上してきた．

　一方で，新規就農者の就農をめぐり課題となっているのが，冬季の所得確保
である．日本海側に位置する秋田県は，日本でも有数の寒冷・豪雪地帯であり，
冬季に営農活動を行うことはかなりのリスクと費用を有する（写真 12-2）．稲作
に依存していた時代は，春から秋にかけて稲作に取り組み，冬季は除雪作業や
スキー場での出稼ぎに出るという兼業スタイルが一般的であるとされた．利用
組合でも小ギク生産終了後の圃場を用い，秋期から早冬期にかけて野菜生産に
取り組むことで，農業用機械の稼働率を向上させ，実質的なコスト低減に取り
組んでいるが，効果は限定的である．冬季の収入源をいかに確保していくかの
モデル構築も更なる新規就農者の拡大のために必要と認知されており，現在検
討が進められている．

（2）本事例が導く新規就農者支援のポイント

　本事例より明らかとなる新規就農者への就農支援のポイントは，下記の2点に一般化できる．

　第1に，就農を支援する関係機関の連携・協力体制の重要性である．本事例において，関係機関のベースとなっているのが，稲作に依存した農業構造が抱えるリスクと不安定性である．稲作依存型の農業構造からの脱却を如何に進めるかが，関係機関の危機感や問題意識のベースとなっている．米の消費量・価格の低迷の現状をみれば，稲作に依存した産地の体制を維持することの危機感は，現実問題もしくは予見しうる問題として，共有が可能である．このような危機感を具現化したものが園芸メガ団地事業であり，JAと行政を拠点とした支援体制である．特に，JAが行った生産者の作型や要望に応じて，施設のタイプを自由に選択・組み合わせが可能なオプションを提示したことが，多様なタイプの農業者の参入を可能とした．

　ただし，こうしたこれまで地域に存在していなかった新たな作目に手厚い支援を推進していく場合，人的・財政的な支援に対する農協の組合員や地域住民からの十分な理解が必要である．そのため，就農支援の実務を行う関係機関だけではなく，地域全体でその危機感を共有することが，稲作構造からの脱却には必要であると言える．

　第2に，新規就農者，中でも新規参入者にとって一番の参入障壁とされる固定資産の取得についてである．既存の農業者からの第三者継承や公的機関による財政支援なども行われてきたが，特に本事例ではJAが主導するリース事業が功を奏してきた．生産から出荷・流通に至る各段階で，コスト削減や作業時間の短縮につながる点を洗い出し，そこに必要な機械設備をJAが購入・リースすることで，農業者の投資リスクの削減と初期投資負担の軽減が可能となった．

　ただし，同一の機械を作業適期に各農業者が利用するためには，利用者間での綿密な利用調整が不可欠となる．この対応策として，各農業者の作業記録や作業計画を共有・記録する必要が生じるが，この点でも本事例が採用している計画生産出荷システムの供用が必須であると言える．リース方式の採用は新規就農者の確保にとって有効であることは疑いはないが，機械の効率的な稼働方法を模索するとともに，利用者間で不公平感が生じないような仕組みづくりを供用することが不可欠であると言える．

5．本生産体系の他地域への適用可能性

　男鹿・潟上地区で展開されている園芸メガ団地共同利用組合では，小ギクの栽培体系において，露地電照を導入して献立て・定植作業から収穫後の選花作業まで一貫して機械化のもとで実施する日本初の取り組みが，多くのインパクトを与えてきた．このことは，県内外からの数多くの視察者の受け入れにつながっていることからも明らかである．特に，本利用組合の機械化一貫生産体系が行ってきた取り組みは，稲作経営から花き栽培を取り入れた複合型経営を推進する上で極めて示唆的なものであり，本ビジネスモデルの特徴は下記の 3 点に要約され，他地域への応用も期待できる．

　第 1 に，投資が高額なハウス設備や機械を JA のリース事業の活用や，共同購入とすることで，農業者の初期投資負担を大幅に軽減することを可能としていることである．この場合，農業者間での機械利用の調整作業が必要となるが，作業記録や計画の共有システムの構築を行うことで，対応が可能となる．加えて最先端の機械化一貫体系の導入と作業の単純化を進め，さらなる省力化と低コスト化が図られていることである．

　第 2 に，利用組合や JA・県などの支援により作業体系や栽培方法の基準化・マニュアル化と，ICT を活用した計画生産出荷システムの構築により，品種別・色別・期間別に定量・定質の小ギクの予定出荷量の安定的な情報提供が可能となり，実需者などとの相対取引拡大の可能性を広げていることである．本システムの活用により，産地が有利になる販売戦略の構築が可能であることから，今後同様なシステムはさまざまな方面から提案されてくると思われる．

　第 3 に，栽培農家が減少するとともに，耕作放棄地が増加し，地域の担い手へ耕地が集積される中で，これまで花き分野は機械化が遅れていたため，大面積栽培への対応が困難であった．本ビジネスモデルでは，機械化一貫体系を構築し，作業の集中化への対応やそれにともなう大規模化を可能としてきた．

　以上のことから，本利用組合で開発された花き経営のビジネスモデルは，大面積の花き栽培の可能性を示しており，小ギク以外の花き栽培への技術導入の可能性も生じる．また，秋田県のみならず稲作偏重構造からの脱却を目指す他府県への応用も期待でき，今後の日本農業の構造改善を牽引していくことが期待される．

第13章　食品残渣堆肥を用いた次世代地域循環モデル
　　　　－愛媛県松山市の OC ファーム暖々の里－

長命洋佑・宇野真樹

〔キーワード〕：食品廃棄物，食品リサイクルループ，資源循環

1．はじめに

　OC ファーム暖々の里（以下，OC ファーム）は，愛媛県松山市北部の中核的な地区である北条地区に位置しており，元 JA えひめ中央の難波支所に本社を構えている．農家の高齢化と離農が進む地域で，柑橘（せとか・不知火・紅まどんな・伊予柑など約 12 種類）と露地野菜（玉ねぎ・キャベツなど）の生産を行っている．

　当社の代表取締役は長野隆介氏（以下，長野さん，写真 13-1）である．「農家の長男だったので，いずれは農業をするのだろう．しないといけないな」という思いを幼少時代よりもっており，農業系の学校に通ってきた．東京農業大学短期学部卒業後，2 年間，アメリカへ研修に行った際には，日本とは比べものにならない大規模経営が展開されており，自分で作ったものは自分で売るアメリカ式農業をみて，「アメリカの農家は経営者であり，自分が目指す農業はこれだ」と感銘を受けた．

　帰国後すぐの2004年に両親が経営する長野農園に就職した．就農してから 3 年が経ったある日，愛媛県から農園の法人化の提案を受け，独立するかたちで2007 年に OC ファームを設立した．長野さんが25歳の時である．翌年には，弟が取締役として加わり，長野農園は柑橘，OCファームは野菜と水稲の生産販

写真 13-1　代表取締役の長野隆介氏
資料：農業イノベーション大賞選考委員会（2022）より引用．

> OC の O はオレンジ（柑橘），オニオン（玉ねぎ），
> C はカントリー（田舎，故郷）を意味しています．
> また，暖々－だんだんは愛媛の方言で「ありがとう」の感謝の気持ちを表す言葉です．
> オレンジカントリー＝愛媛の温暖な気候に感謝しながら精一杯の愛情をこめて作った．
> O いC（おいしい）農産物を皆さんにお届けします．

図 13-1　OC ファームに込めた想い
資料：「株式会社 OC ファーム暖々の里」HP より．

売，と親子で経営を分離した．その後，会社設立から第 10 期を機に，長野農園の柑橘部門をもう一度吸収して，現在は，一緒に OC ファームとして生産を行っている．

　ちなみに，OC ファームという社名は，長野さんがアメリカにいたころに人気を博したアメリカのドラマ『The O.C.』（ジ・オーシー）から取ったそうだ．O には，オレンジ（Orange）だけでなく，玉ねぎ（Onion）の意味も込められている．また，「暖々の里」はもともと長野農園が使っていたブランド名で，今も加工品に暖々の里のロゴマークを使用している．ちなみに，「だんだん」は愛媛の方言で「ありがとう」という意味であり，「温暖な気候の愛媛の里から感謝を込めて，安心でおいしい農作物をお届けします」という想いが込められている（図 13-1）．

2. OC ファームの経営概要

　OC ファームのこだわりは，「少し手間はかかるが，自分達が納得でき，おいしいと思える農産物を作り，消費者に満足して食べてもらえるようなものを作り続けること」だと長野さんは語る．

　2022 年現在，当社の経営面積は 26ha，その内訳は玉ねぎ 10ha，キャベツ 6ha，レタス 1ha，柑橘 4ha，水稲 5ha だ．従業員は，取締役の父・弟の他，社員 7 人，パート 3 人を合わせ 13 名である．「面積は野菜の方が多いが，もともと柑橘農家だったため，自分の畑はほとんどない．地主さんから水稲の裏作を借りて，その期間に玉ねぎやキャベツ，レタスを栽培させてもらってきた．他の地域も同じと思うが，高齢化が進んでいき，農地を管理できなくなってきているところが目にみえて増えてきている．当社でも畑で農作業をしていると，『私のとこ

ろも作ってくれないですか』と声かけられる機会が多くなって，どんどん面積が大きくなっていった．それにともない，従業員も増え，現在の面積となっている．今後もこの地域では高齢化が進み，耕作が困難となる農地が増えてくる」と長野さんはいう．

　当社の売上高に関しては会社設立後，右肩上がりで伸びており，現在は約8,200万円となっている．近い将来，1億円を目指している．売り上げは順調に増加してきたが，その一方で，利益が生み出せず，苦しい時期があった．その理由について長野さんは次のように語る．「玉ねぎに関しては，売り先がはっきりと決まっていなかった．市場の値段が2年連続で好調で，特定の売り先はもたなくても市場に出していればいいかな，と思っていた．しかし，翌年，玉ねぎの価格が前年の半値以下になってしまい，利益が本当に残らないという状況になってしまった．その時，計算できる売り先をもつことが大切なんだな，と身に染みて感じた」とのことである．その後，長野さんは，損益計算など農業経営に必要な知識を得ることが重要であると考え，経営の勉強を開始．その時に出会ったのが，風早有機の里づくり推進協議会だ．地元の先輩に「風早で，おもしろい取り組みがあるんだけど」と風早の里のことを教えてもらったのが入会のきっかけだ．当時は，軽い気持ちで参加したという．ちなみに，「風早」というのは，長野さんらが農業をしているところの昔から呼ばれている地名である．

　こうした経験より，変動する市場価格によって売上が不安定な農協共販よりも，安定した価格で取引できる販売先の確保の重要性を理解することとなった．そして，地元スーパーへの直接出荷を増加させていった．2007年の設立当初は売上の90％が農協であったが，現在のおおよその販売先別出荷構成は，地元スーパー6割，学校給食1割，地元生協とその他を合わせて3割となっている．玉ねぎのみの販売先別出荷率は，地元スーパー，地元生協，学校給食が上位3つを占めている．

3．食品残渣堆肥を用いた次世代地域循環モデル

（1）風早有機の里づくり推進協議会
　風早有機の里づくり推進協議会は，地元スーパーのフジ（以下，フジ）と産業廃棄物処理業者R社（以下，R社）と長野さんが農業を営んでいる愛媛県

松山市萩原・上難波地区の農家の3者が提携し，2008年に設立された地域循環型の食品循環資源の再生利用を行う協議会だ（以下，「風早の里」と呼称）．食品残渣堆肥を用いた次世代地域循環モデルの取り組みを述べるにあたり，その前に，中心メンバーであるフジ・R社および参加農家について簡単に触れておこう．

　フジは愛媛県松山市に本社をもち，中四国地域におよそ100店舗を展開する総合小売業者である．食品循環資源を堆肥化する風早の里では，フジの愛媛県中予地区スーパー23店舗から排出される食品循環資源が堆肥原料として利用されている．また，後述するように堆肥施用により生産された野菜の買い取り，販売を行っている．

　R社は愛媛県松山市に本社をもつ産業廃棄物処理業者であり，同市内に食品リサイクル堆肥化工場をもつ．フジを中心とする地元スーパーや学校給食，飲食店などから出される食品循環資源を原料とし，堆肥の製造を行っている．製造された堆肥は，風早の里の農家やフジの直売所などで販売されている．堆肥を利用している風早の里の農家からは，「窒素含量が高いため，R社の堆肥を利用すると，元肥えの化学肥料の量を抑えられる」，「低価格で品質が良い」と好評だ．

　風早の里の参加農家は，2008年の設立当初は3人であったが，その後，10人まで増えた．ところが，高齢のため農業を継続するのが困難となり，2021年・2022年に1人ずつ脱退をしてしまった．新規の若手農家の獲得が大きな課題だ．フジとの玉ねぎの取引量は，風早の里が設立された当初は10tであったが，現在では420tにまで膨らんでいる．

（2）食品残渣堆肥を用いた次世代地域循環への取り組み

　図13-2は食品循環リサイクルの取り組みの模式図である．フジの中予地区スーパー23店舗（図中，中央）から排出される食品循環資源をR社が回収し（図中，①→②），堆肥化が行われる．製造された堆肥は，風早の里の農家へ販売される他，フジの直売所などでも販売されている（図中，②→③）．ちなみに，堆肥は風早の里に加入していない農家にも販売されているが，品質が良く低価格で販売されているため，購入困難な状況となっている．そして，風早の里の農家は，R社の堆肥を施用し生産した野菜をフジに出荷しており（図中，③→④），これらの取り組みにより，地域内の循環が図られている．

図 13-2　食品循環リサイクルの取り組み
資料：フジ提供資料より引用.

（3）フジとの契約栽培

　玉ねぎに関して，フジが求めるのは，M・L の中玉だ．消費者が最も買いやす
いサイズである．ところが，風早の里の農家の間では，「2L の大玉を生産した
方が重量があり，お金になる」という考えが根付いていた．2L の大玉を栽培す
る技術は長けていたが，これまで中玉を栽培するようなことがなかったため，
フジが求める中玉の出荷量を生産できない年があった．長野さんは，フジが求
める規格，それに対する生産体制に対する危機意識から，「われわれとしてでき
ることはやっておかなければならない」ということの旨を風早の里の生産農家
に訴えかけ，フジのバイヤーと話し合う機会を設けた．具体的には，生産され
る玉ねぎのサイズの半分以上が大玉であったことから，中玉を生産できるよう
栽培方法を習得することを提案したのである．これまでは，各農家が自分自身
の肥料設計で栽培を行っていたが，長野さんの提案以降，中玉を生産する技術
習得のためにさまざまな取り組みに挑戦した．例えば，松山市の農業指導セン
ターの勉強会に参加したり，コンサルタントに参画してもらい，土壌分析を行
いながら窒素成分や塩分などの施肥量を検討するための栽培試験などを行った．
こうした取り組みの成果として，風早の里オリジナルの栽培指針を作成し，み

写真 13-2　フジ店内での「風早の里玉ねぎ」
　　　　　の販売風景
　　　　　資料：フジ提供資料より引用.

写真 13-3　長野さんのサワーキャ
　　　　　ベツの POP の様子
　　　　　資料：農業イノベー
　　　　　ション大賞選考委員会
　　　　　（2022）より引用.

んなで共有して生産するようになった.

　最初は，玉ねぎだけであったフジとの契約栽培であるが，現在はキャベツ，レタスも取り扱いをしてもらえるようになった.契約栽培に対して長野さんは，「最初のイメージは，出荷ができなかったら，どっかから仕入れてでもださないといけないというイメージがあったけれど，この時期にこれだけほしいってフジのバイヤーさんと相談しながら，播種したり，定植したりしています.また，気象条件によっては，気温が低い時期が続くと，玉ねぎが太らないってなったときには，バイヤーさんも自ら現地に来てくれて，『こういう状況だと出せないのも仕方ないね』っていうことで，特に市場などから買って出すとかペナルティーとかいうのはなく，融通をきかせてくれて，すごくありがたいなって思っております」とフジの対応に感謝している.「現在は，玉ねぎ，キャベツ，レタスの取り扱いをしてもらっているが，この地区は柑橘農家が多いため，今後は柑橘の取り扱いもしてもらいたいな」と長野さんは思っている.

　玉ねぎの単価に関しては，以前は大きさ S から 2L まで同じであったが，中玉を生産・出荷することで収入が向上する仕組み，すなわち，中玉の単価が高くなるようにフジと価格調整を行った.価格調整の結果，フジは自社が求める大きさの玉ねぎを入荷することができること，風早の里の農家は中玉を生産することで収益向上を図ることができること，といった両者にとってメリットが

ある関係が構築されたのである.

　フジは，風早の里に所属する農家が R 社の堆肥を利用して生産した野菜を買い取っており，店頭販売できないものも含めてほぼすべて買い取っている. 例えば，玉ねぎでは，大きさの規格が M と L の正規品は店頭販売されるが，S，2L，3L の他，形が悪い規格外品はフジのグループ会社で，フジのスーパーの惣菜製造加工および販売を行う K 社によって加工され，玉ねぎサラダなどの惣菜品としてフジの店舗で販売されている. こうした規格外品もフジでは商品となるため，農家は以前まで廃棄していた規格外も出荷することが可能となり，廃棄に要していた手間も削減され，収益向上につながっている. 元々，サラダなどの惣菜品が消費者に人気であった. ところが現在では，農家の栽培技術が向上したことにより規格外品が減少したため，ロット確保のため青果として販売する玉ねぎを惣菜用に回さなければならないほどだという.

　なお，フジの店舗内での食品ごみの分別，食品廃棄物のリサイクル（堆肥利用など）や規格外品の利用（惣菜品）などの取り組みにより，フジ全体での食品リサイクル率は 2019 年度には 61% となった. この数値は，2019 年の食品リサイクル法改正において定められた 2024 年度までの食品廃棄物の再生利用率目標数値である「60% 以上」をクリアするものである.

4．今後の地域農業の課題

　風早の里が設立されてから 15 年ほどが経ち，当初から所属している農家の高齢化が進んでいる. そのため，高齢により農作業を続けることができず，脱退する農家も出てきた. このままではフジへの野菜出荷量の確保と堆肥を利用した野菜生産技術の継承が困難になってくる. また，北条地区では担い手不足により放棄された農地が増加しており，若手農家がその農地の新たな担い手とならなければならない. このような課題を克服するためには，若手農家の新規メンバーを入れていくことが不可欠である.

　北条地区では，地元若手農家 15 名ほどで形成されている「HAPP」というグループが存在している.「HAPP」では，行政や地元の銀行，農機具メーカーの関係者の他,フジのバイヤーも参加しての勉強会を毎月開催している.「HAPP」で若手農家の多くは，「まだまだ，両親とやっているのが経営の現状です」,「売

り先が直売所です」や「農協に出しています」という意見が多い．しかし今後，
「この地区では，耕作困難な農地が増えていき，若手農家に農地が集まってく
る状況で，若手農家が規模を拡大していかなければならない状況なので，そう
したとき，私が失敗したみたいなことにならないように売り先をしっかりもつ
ことが大切である」と長野さんは思っている．そして，新規の若手農家が，こ
の「HAPP」の取り組みに参加してくれれば，農家との横のつながりもできるし，
売り先もできる．農機具メーカーに色々，新しい機械を提案してもらったり，
銀行から融資の話もしてもらえる．長野さんは集まりの際，他の若手農家に対
して，風早の里への参加を勧めており，フジという販売先を確保できることを
PR している．しかし，経営規模が小さく出荷量が少ない経営が多く，「要求さ
れる出荷量を生産することができるか不安である」という理由で断られるそう
だ．経営規模が小さくても参加できるということを伝えても，なかなか参加に
は踏み切ってもらえない．フジでは M・L の中玉が好まれており，その大きさ
を生産するための技術が必要であり，かつ安定的に出荷することが求められる
のに対して，農協だと出荷できる大きさや重量の規格に幅があり，自分のもつ
生産技術で生産したものを生産した量だけ出荷できるため，経営規模がそれほ
ど大きくない場合，「フジへ出荷」するよりも「農協へ出荷」を選択するとのこ
とである．

　今後の地域農業について，長野さんは，「こうした若手農家に，風早の里で取
り組んでいる循環型農業に興味・関心をもってもらい，地域の若手農家が地域
の農地を守っていけるように，自分自身がこうした取り組みをどんどん広げて
いけるような活動をしていきたい」という思いを強く抱いている．

5．おわりに

　地元のスーパーや給食で出た食品残渣を原料として工場でたい肥を製造し，
地域の農家がそのたい肥を利用し，生産した農産物をスーパーで販売したり，
学校給食の食材として利用する，まさに地域資源の循環モデルであるといえる．
こうした取り組みは，SDGs 時代の地域農業に大きな示唆を与える取り組みで
あるといえよう．特に，化学肥料，農薬，その他農業資材などの価格が高騰し
ている昨今の世界情勢を鑑みると，格安で施用できる堆肥を利用することによ

り，これまで以上に生産コストを抑えることができるとともに，環境負荷低減にも寄与することができる．こうした取り組みに対して長野さんは，「堆肥を効果的に利用するために，農家も勉強会を行い，技術を向上させ，化学肥料や農薬を無理なく削減できるようになれば，政府がこれから推進していくみどりの食料システム戦略の取り組み方向にも合うのではないか」と期待を寄せている．

　最後に，5年後，10年後の目標や経営・ビジネスのイメージについてお聞きしたところ，長野さんから以下のような考えが返ってきた．

　「目標はこの取り組みで地域の農業を支えていくことです．5年後には現在の取り組みメンバーは世代交代をしていると考えます．先輩農家の方は，現在の栽培面積の維持が困難になっていると考えます．そのため，私達が先輩農家の圃場を引き継ぎながら，新規メンバーを加え，取り組みの面積を拡大させていきたいです．また，販売先との連携を強化し，取引品目を拡大していきたいです．10年後には，ここ北条地区に就農すれば堆肥の供給を受けられ，販路も確保されており，取り組みメンバーのサポートもあり，就農直後から経営が安定しやすい仕組みとして地域に浸透させていきたいです．そうすればこの地域に新規就農者が集まりやすくなり，農業者が増え放棄地が少しでも減れば地域農業の大きな支えになると思います」

　「地域の人に信頼され，応援され，必要とされる企業」，「これから農業をしたい人の目標となるような企業」を目指し，チャレンジを続けている長野さんとOCファームの今後の活躍がますます楽しみである．

参考文献

宇野真樹・細野賢治・長命洋佑（2022）持続可能社会をめざした「食品リサイクルループ」の構築－愛媛県松山市風早有機の里づくり推進協議会を事例に－，日本農業市場学会2022年度大会個別報告要旨集．
OCファーム暖々の里，http://www.OC-farm.com/
株式会社フジ　お客様サービス室・品質管理推進室，(株)フジ　食品循環リサイクルの取り組みについて，社内資料．
農業イノベーション大賞選考委員会（2022）農業イノベーション大賞2022受賞者講評・講演・出展要旨（農業情報学会大会講演要旨集別冊），56pp.

第 14 章　農業イノベーション大賞の選考に参画して

〔キーワード〕：環境，多様性，価値観，理念，スマート農業，ICT，農業ビジネス，チャレンジ，挑戦，イノベータ

1．はじめに

南石晃明

　本章では，農業イノベーション大賞選考からみえてくる農業の将来について，選考委員・事務局として農業イノベーション大賞選考に関わった皆さんに自由に語って頂いた．多様な立場や視点からみることで，農業の将来像を，より多角的にとらえることが可能になる．本章で浮かび上がったキーワードは，環境変化への迅速な対応，イノベータへの寄り添い・激励，イノベーションの多様性，営農現場の課題を解決するイノベーション，社会の価値観や農業の理念に対応したイノベーションなどであり，その重要性が指摘されている．なお，筆者の「農業イノベーション大賞選考からみえてくる農業の将来」については，第 1 章および第 15 章を参照されたい．

2．農業イノベーション大賞選考からみえてくる農業の将来

平石　武

　私は，農業イノベーション大賞の選考委員ですが，この大賞を企画・主催した農業情報学会担当部会長でもあり，協賛企業（ソリマチ(株)）の立場でもありますので，本当にたくさんの皆様方からご協力頂きまして，誠にありがとうございました．
　この第 2 期表彰事業を 3 年間開催して，イノベーションを実践している多くの農業経営者の話を聞き，農業にはまだまだすばらしい可能性と未来があることを実感しました．
　近年「持続可能な農業」という言葉をよく聞くようになりました．人間が生

きていくために大事な食料を生産
している農業こそ持続可能な産業
でなければなりません.

　持続するためには, 収益性が高く
継続できる利益が出て, 経営の安全
性が高く, 後継者が存在し, 環境に
配慮し, 社会に必要とされている,
という経営体だと思います. まさ
に, このような経営が農業イノベー
ション大賞を受賞した方々なのだ
と思います.

　世の中で最後まで生き残る動物
は何か？ライオンか？　いいえ, 環

写真 14-1　対面参加可能な委員が集合し
た最初で最後の選考委員会の
選考風景
開催日：2020 年 3 月 26 日,
場所：ソリマチ株式会社, 東
京本社.

境に柔軟に適応していける動物が最後まで生き残ることができます. 経営も同
じです. 現状維持ではなく, 世の中の変化に適応しながらイノベーションして
いく経営が最強なのです.

　受賞者の経営を参考にしてもらい, たくさんのイノベーション農業経営者が
生まれ, 日本農業をますます活性化していってもらいたいと思います.

3. 農業イノベーション大賞選事務局の経験と思い出

長命洋佑

　私は, 農業イノベーション大賞の事務局長として, 第 2 期表彰事業（2020-
2022 年）の 3 年間, 選考運営などに携わらせていただきました.

　毎回,「このような経営があるのか!!」「すごいことを実践しているな～」と,
応募書類を拝見するのが楽しみでした. また, 選考委員会に事務局として出席
させていただいたときには,「イノベーション」をどの視点から評価するか, 選
考委員の方々がよい意味で頭を悩ませる姿が思い出として鮮明に残っておりま
す. どの経営も非常に興味深い取り組みをされており, その中で, 評価（各賞
の選定）を行わないといけないため, 相当ご苦労されたものと思われます（受

賞に至らなかった経営も紙一重のところばかりだったため，選考の議論が白熱しすぎて，次回持越しとなったことも良い思い出です）．

　唯一の心残りは，コロナ禍において，選考委員会メンバー，イノベーション大賞受賞者が顔を合わせることができなかったことです．写真 14-1 は，唯一の例外となった最初で最後の対面委員会の風景です．受賞者の記念講演以外のお話もお伺いしたかったですし，選考委員のみなさまと受賞者，また受賞者同士のつながりも広がったと思うと残念です．

　また，私ごとではありますが，イノベーション大賞を機に，受賞経営者の方と連絡を取り合うようになったり，他の学会でご一緒させていただく機会があるなど，つながりが広がったことは，非常に幸せなことでした．

　とある若手の受賞者は，「こうした賞の受賞は初めてなので，すごくうれしいです．受賞の盾と賞状を事務所の一番目立つところに飾っています．この賞に恥じないようにがんばっていきます」とおっしゃっておりました．

　経営者がイノベーション大賞を機に，大きく羽ばたいてくださることは，この上ない喜びと思っております．また，特に若い世代，これから日本の農業を引っ張っていく経営・経営者の背中を押す，そして，世の中に「こんなに素晴らしい経営がある！」ということを伝えていくことも（学会として）重要なことと思います．そうした意味でも，ぜひ，第 3 期表彰事業が開催されることを願っております．

　3 年間，イノベーション大賞に関わらせていただいたことは，今後の人生において極めて貴重な経験となりました．本当にありがとうございました．

4. 気候変動／サーキュラーエコノミーに対応できるリスク軽減ビジネスモデルイノベーションの共創に向けて

遠藤隆也

　この 3 年間の受賞テーマをみてみると，農場を科学する研究開発型ビジネスモデル，育種から食卓まで，人材育成と働き方改革，農業人財育成モデル，地域資源・ICT 活用低コスト生産モデル，人材を育てながら規模拡大を続ける，パン職人のまなざしで小麦を作る，ビジネスを極める，分担協調型イノベーションで精密農業，

ICT・ロボット技術活用，計画出荷モデル構築による水田転換，などなど，極めて多様な視点から，農業イノベーションが進行しているようにみえます．

　この流れは，「イノベーション」という概念を生み出したシュンペーターが言うように，変革の段階では「新結合（ニューコンビネーション）」が起きる，「異なるもの×異なるもの＝イノベーション」と言われるように，現状は，例えば「精密農業」「スマート農業」の流れに，人材育成を含めた経営課題／ビジネスモデルが「掛け算」された農業イノベーションが多く進められてきたと見受けられます．

　一方，最近の農業現場では，気候変動，異常気象への対応に困っています．また，農業活動自体が，温室効果ガスである一酸化二窒素の発生，土壌劣化など，さまざまな面で環境へ負荷をかけるリスクなどの問題があり，これらの諸問題に対応していくための大きな共同体／協働体レベルでの農業イノベーションの共創も求められています．

　気候変動に関連しては，農業生産における気候変動適応ガイドや，いずれは産地移動は避けられないにしても，当面は，可能な範囲で「品種開発・選定を含む適応技術」で対応しつつ対応しきれない部分に対しては，全国的な周年供給をにらみながら産地移動・作期移動にともなう混乱を最小限に抑える対応策なども検討されています．

　気候変動，異常気象，環境問題に対応していくためには，気象予報などの確率問題への人間の対応方法の心理的課題，異常気象とリスク評価／ポリシー／リスク軽減経営戦略の課題，サーキュラーエコノミーに関連したビジネスモデルイノベーションの課題などが予想されます．これからは，個々の事業体の農業イノベーションに加えて，例えば，「気候変動／サーキュラーエコノミーに対応できる（大きな共同体／協働体レベルでの）リスク軽減ビジネスモデルイノベーションの共創」が期待されます．

5. 農業イノベーション大賞に寄せて

岸田義典

　長期的にみて，日本の農業は大きな危機を迎えていると言って過言ではない．その最大の問題は，農業を支える農業就業人口が，老齢化により早い速度で減

少していることである.

　人間の歴史は，過去さまざまな苦難や危機を乗り越えてきたことを示している. 危機を救うには，人間の知恵が最大の武器であり，今までやってきた仕事をそのまま続けるのではなく，そこに創造性を加えたイノベーションが，最も重要である. 毎年 5 月に農業情報学会大会で，「農業イノベーション大賞」の受賞者の記念講演を行ったが，それぞれの分野でさまざまな知恵を発揮している受賞者の方々には，深い敬意を払うものである. 農業を支える要素は非常に多くあり，そのいろいろな要素でのイノベーションが必要である.

　最近，筆者は JICA に依頼され，アフリカのタンザニアを訪れた. この国は日本の 2.6 倍の面積があり，人口も 6 千万人を超え，30 年後にはその倍の 1 億 2 千万人に達する，と現地の指導者たちは語った. 食糧危機を克服するには，タンザニアに合った農業のイノベーションが不可欠である. 特にその中で，機械化は重要な要素であるが，今までの援助の中では農業機械化はうまくいっているとは言えない.

　日本も 2015 年には農業就業人口が 209 万人となり，毎年約 8 万人くらいの人が農業から離脱している. 2015 年の 209 万人と言う農業就業人口は，中身をみると 8 割が 60 歳を超えているのである. で，あるから 2035 年には 8 割の農業就業者は 80 歳を超えてしまう. 80 歳以上でも農業を続ける人もいるが，80 歳を農業定年と考えたときに，残りの 2 割でどうやって現在の食糧生産を維持するのであろうか. そのためには新しい技術革新が必要であり，つまり農業のイノベーションが不可欠である. 今回の受賞者の皆さんは，いろいろな分野でいろいろな知恵を働かせ，農業のイノベーションの担い手となっている. 福島県の南相馬市の「紅梅夢ファーム」の発表は ICT とロボット技術採用による震災復興であった. 農業は生産から加工・流通・消費者にものが届くまで，非常に膨大な分野を抱えており，それぞれでイノベーションが進められなければならない.

　筆者は 1970 年 28 歳の時に，欧米を 140 日間訪問した. 目的は，日本の農業の労働生産性を欧米並み，または欧米を抜くには，どのようなことが必要なのかを探しに行ったのである. その時，特にアメリカの農業をみて非常に愕然としたのは，その作業区画の大きさである. "One section" と言う言葉が使われているが，1 作業区画が 1 マイル四方である. つまり 250ha 近い大きさの作業区

画が「1区画」なのである．そのような所では，どんどん機械が大型化し，作業幅が広がり，それによって労働生産性を上げることができる．しかし，アメリカに比べて日本の農地構造は，小区画多数分散型である．筆者はそこに焦点を当てて考えた．つまり，小区画多数分散型圃場で大区画集約型の農業に，労働生産性で対抗するにはどうしたら良いか，と言うことである．彼らはそのうちに1,000馬力位のトラクターも使うようになるかもしれない．しかし日本では使えない．そのかわり日本では，徹底的に農業機械の頭脳の機械化・無人化を進め，沢山の小型農作業ロボットの開発を進めて実用化しなければならない，と言うのが私のその時の結論であった．1970年の夏に旅行から帰り，農林水産省に赴き，農業機械の頭脳の機械化のプロジェクトを始めてくれ，と言ったがほとんど見向きもされなかった．

　しかし最近では，ICTの進歩・情報技術の進歩により，農作業の無人化が可能となった．日本のような山国では，水田にしても1圃場の大きさをアメリカのように大きくする事はほとんどできない．そのような分散型の小区画圃場は，小型の農作業ロボットで作業をするべきである．これからの日本農業の革新と農業生産性の向上には，情報技術が不可欠である．われわれ農業情報学会の役割は極めて重要である．

　小型の農作業ロボットの開発は，日本だけでなく全世界の農業に非常に大きなインパクトを与えるに違いない．これからも，いろいろな場所で工夫をし農業のイノベーションに邁進している多くの農業者が，その先を模索するための，新しい農業情報技術・農業機械化技術を提供しなければならない．たぶん十数年後には，かなり多様な小型の農作業ロボットが実際に使われるようになるに違いない．農業機械を作るメーカーにも，ぜひその問題にチャレンジをしてほしい，と願うばかりである．

6. 農業イノベーション大賞選考からみえてくる農業の将来

山田　優

農業の理念に照らしてイノベーションを語れ

　取材で各地を回ることが多い．元気な農家が知恵を絞って新しい仕組みに挑戦し，農業経営の革新に結びつけている姿をあちこちでみることが多くなった．

　農業イノベーション大賞に応募した農家や企業，研究者は，そうした試みの中でも最先端を行く人たちだった．

　審査委員を引き受けその中身を掘り下げ考えることができたことは，これからの取材活動にも役立つ経験ではあった．しかし，正直に言えば，小さなフラストレーションが最後まで残った．

農業イノベーションは強い経営をめざすだけなのか

　農業が他産業と異なるのは，地域や自然などと結び付き，豊かな環境をつくることができる可能性を常にもっていることだ．田んぼや畑では多くの生物多様性を育み，水を浄化し，涼しい風や美しい景観を産み出す．農業イノベーションは，経営を改善するだけがすべてではないと思う．地域を束ねて巨大な田んぼダムを造るとか，トキやコウノトリを取り戻す試みなどは，立派なイノベーションに値する可能性があったと思う．

　ICT が急速に発達し，農業に使える便利な道具はめまぐるしく変わっている．しかし，道具はあくまで道具であり，農業の理念に照らしてイノベーションをもう少し語る必要があったと自戒を込めて振り返る．

　近年，欧州農業を何回か回る機会があった．農業に対する社会の要求は大きく変わっている．単に食料供給をするのではなく，生物多様性やアニマルウェルフェア，地球温暖化防止，人権の擁護など，さまざまな機能を求めるようになってきた．農業に求めるイノベーションの中身も時代とともにどんどん多様になってくるのではないだろうか．

7. 終わりなき挑戦に与えられた賞
―農業イノベーション大賞選考委員会を振り返って―

青山浩子

　農業イノベーション大賞の第 2 期表彰（2020 年度〜2022 年度）が一区切りしたこのタイミングで，これまでの選考委員会を振り返ってみたい．実は，毎回のように，議論は相当白熱し，盛り上がった．数時間の議論では結論が出ず，追加の選考委員会が設定されるようになった．さらには「この点をもう少し詳しく知りたい」と追加の資料まで提出いただいた．

　喧々諤々の議論がおこなわれた背景は，賞の名称との関わりが深かったのだろう．イノベーション大賞という名称通り，既成概念を打ち破って，チャレンジを続けている農業者や企業が選定の対象になる．一方で，ビジネスの広がりや収益性で成果を出しているかどうかも評価の対象になる．いままでにない挑戦であるため，必ずしも経営成果を出していない部分はどう判断すればいいか，将来性をどこまで見込んで表彰すべきか…議論は尽きることがなかった．また，審査員の専門性も異なり，評価の基準が異なる場面もあった．結果的に，審査員の意見は見事に収束し，数々の授与者が誕生した．

　授与者に共通する点は，常にチャレンジし，進化しているという点だろう．何人かの経営者から授与後，新たに始めた取り組みについて話を伺った．おそらく，他の授与者もやはり，授賞当時から一歩も二歩も前に踏み出しているはずだ．そうしたチャレンジ精神に共感する人々からのエールを受けて，さらに進化を遂げていく．終わりなき挑戦に与えられた栄誉が，農業イノベーション大賞だと感じる．

　選考委員会を通じて，農業ビジネスの第一線に立っている農業者や企業の取り組みを知ることができたのは選考委員冥利に尽きる．数々の授与者が 3 年後，5 年後にどんなイノベーションをおこしていくのか，大いに期待したい．

第15章　農業イノベーションの現状と展望
―政府統計やアンケート調査から農業経営の将来像を考える―

南石晃明

〔キーワード〕：法人経営，個人経営，農家，会社法人，プロダクト・イノベーション，プロセス・イノベーション，マーケティング・イノベーション，組織イノベーション

1．はじめに

　本書の最終章となる本章では，イノベーションに果敢に挑戦する農業経営が，一定の層としてわが国に形成されつつあるのか，稀有な先進事例に留まるのかについて考えてみたい．具体的には，農業法人経営の動向や農業イノベーションの実施状況などを，政府統計や筆者らが行ったアンケート調査に基づいて概観する．なお，農家や農業法人の動向，農業法人の経営者プロフィール，ビジネスの現状と戦略，イノベーションなどの詳細については，拙著（南石 2021，2022）を参照されたい．

2．「農業センサス」でみる個人経営と法人経営の動向

　図 15-1 は，農林業センサスにおける「農業経営体」，「法人」，「個人経営」などの関係と動向を示している．2020 年農林業センサスから，法人化している家族経営体と法人化している組織経営が，「法人」として統合された．2015 年までは，「農業経営体」は，まず「組織経営体」と「家族経営体」に区分されていた．このため，各種の集計結果も「組織経営体」と「家族経営体」の別に公表されることが多く，法人経営の動向や特徴を把握できない場合もあった．2020 年からは，非法人の家族経営体を「個人経営体」と区分したため，農林業センサスにおける「法人」と，経済センサスにおける農林業の「企業等」の区分とが対応するように改善された．

　図 15-1 から，個人経営と法人経営について，以下の動向が読み取れる．個人

農業経営体の属性区分の変更（概念図）

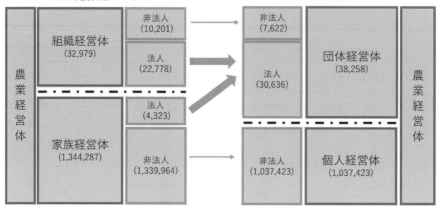

注1）農業経営体とは、①〜③のいずれかに該当する事業を行っているものをいう。
　①経営耕地面積が30a以上の規模の農業
　②農作物の作付（栽培）面積、家畜の飼養頭羽数（出荷羽数）などが一定規模以上の農業
　③農作業の受託事業
　2）（　）内は各調査における公表値（単位：経営体）。（2020年は概数値）

図 15-1　農林業センサスにおける「農業経営体」，「法人」，「個人経営」
出典：農林水産省（2021）.

経営体は 2015 年には 134.0 万世帯であったが，2020 年には 103.7 万世帯になり，23%減少している．一方，法人経営は 2015 年には，組織経営体のうち法人であった 22, 778 法人と，家族経営体のうち法人であった 4, 323 法人を合わせた 2.7 万法人であったが，2020 年には 3.1 万法人になり，13%増加している．

　図 15-2 は，2015 年までの農林業センサスで使用されていた区分である「主業農家」，「準主業農家」，「副業的農家」の動向を示している．これらを合計した農家数は，2005 年には 196.3 万世帯であったが，2015 年には 133.0 万世帯になり 2/3 に減少している．図 15-1 でみたように 2020 年からは新たな区分が導入されたため厳密な比較はできないが，2005 年からの過去 15 年間で，「農家」数は 196.3 万世帯から 103.7 万世帯に減少しほぼ半減している．2020 年の個人経営体の構成をみると，主業経営体は 23.0 万世帯（構成割合 22.2%），準主業経営体は 14.1 万世帯（13.6%），副業的経営体は 66.6 万世帯（64.2%）である．農業で生計を立てていると考えられる「主業経営」の農家はわずか 2 割強で，2/3 弱が農業を副業とする世帯である．一般に「農家」というと，農業で生計を

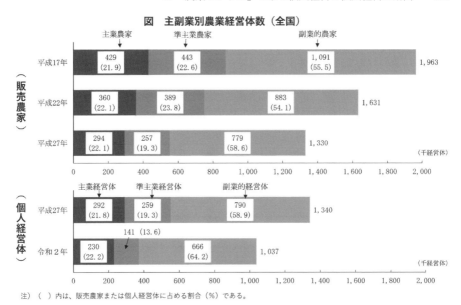

図　主副業別農業経営体数（全国）

注）（　）内は、販売農家または個人経営体に占める割合（％）である。

図 15-2　「主業農家」，「準主業農家」，「副業的農家」の動向
出典：農林水産省（2021）.

立てているイメージがあるが，政府統計における「農家」は，それとはかなり乖離している．こうした統計と常識的な用語の意味の乖離が，しばしば誤解や認識の混乱を生じさせる．

　図 15-3 は，農林業センサスにおける法人経営の動向を示している．年次別にみると，2005 年は 1.9 万法人，2010 年は 2.2 万法人である．2020 年には 3.1 万法人になっており，過去 15 年間で 1.6 倍，過去 10 年間で 1.4 倍

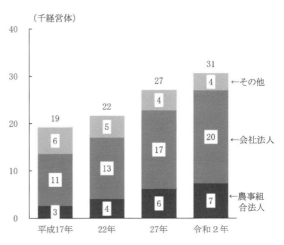

図　法人化している農業経営体数（全国）

図 15-3　農業法人経営の動向
出典：農林水産省（2021）.

に増加している．法人形態別にみると，2020年には会社法人が2.0万社，農事組合法人が0.7万法人，その他が0.4万法人あり，会社法人が全体の2/3を占めていることがわかる．このとは，本書で取り上げた農業イノベーション大賞の受賞者の多くが，会社法人であったことと無関係ではない．

　図15-4は，農産物販売規模別にみた農業経営の増減率を示している．2015年から2020年の5年間の増減率をみると，農産物販売金額規模が3,000万円以上の層では農業経営体数が増加している．5億円以上は42.6%の増加，5,000万円～1億円では25.2%の増加となっており，特に増加率が高い．一方で，50万円未満では4割弱という特に大きな減少率となっている．2005年から2010年の5年間をみると1億円以上で増加，2010年から2015年の5年間をみると3,000万円以上で増加となっている．少なくとも過去15年間は，3,000万円～1億円以上の売上高（経済規模）がある農業経営は増加し，それ未満の農業経営は減少する傾向が継続している．

　以上，最新の農林業センサスにより，わが国における農業経営を概観すると，

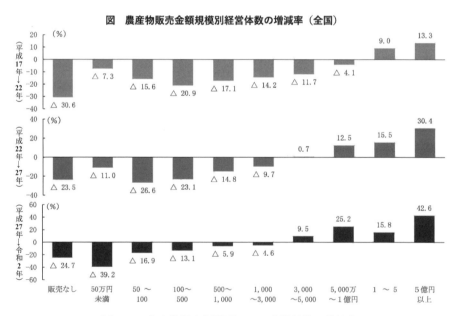

図15-4　農産物販売規模別にみた農業経営の増減率
出典：農林水産省（2021）.

農業で生計を立てる農家（主業個人経営）は 23.0 万世帯であり，農業を営む法人経営は 3.1 万法人となっている．個人経営は減少傾向，法人経営は増加傾向であるが，現時点で経営数を比較すると，個人経営（農家）が格段に経営数は多い．その一方で，売上高，従事者数，経営面積などといった経営規模で比較すると，法人経営の方が格段に大規模となっている．このため，法人経営による生産量や販売額が，個人経営（農家）による生産量や販売額を上回る農畜産物が多くなっている．以前から，畜産物などではそうした傾向がみられていたが，今後，個人経営の減少傾向と，法人経営の増加傾向が継続すれば，より多くの農畜産物で同様の状況になる．

　また，農業経営数の増減の分岐点となっている農産物販売金額が 3,000 万円ということは，農業で生計を立てる経営が増加していることを意味している．農業所得率（農産物販売金額に対する農業所得の割合）は，品目や経営の立地・条件によって大きく異なるが，売上高 3,000 万円規模の農業経営では 2〜4 割程度との分析（農業利益創造研究所，2021）がある．そこで農業所得率 30% を想定すると，農産物販売金額 3,000 万円の経営の農業所得は 900 万円程度と推測される．一方，勤労者世帯の実収入（総世帯）は 1 世帯当たり年間 630 万円程度（月 52.2 万円，総務省 2022）と推計される．売上高 3,000 万円規模の農業経営は，勤労者世帯を上回る所得を得ることができ，農業のみで十分に生計を立てられる．図 15-1 から図 15-4 は，こうした農業経営が増加していることを示している．

3. 独自アンケート調査でみる農業法人におけるイノベーションの実施状況

　図 15-5 は，農業法人を対象にした独自アンケート調査で明らかになった，農業法人におけるイノベーションの類型別の実現割合を示している．プロダクト・イノベーション，プロセス・イノベーション，マーケティング・イノベーション，組織イノベーションの定義や内容については，南石（2021，2022）を参照されたい．

　イノベーションの実現割合が最も高いのは，プロダクト・イノベーションの「新しいまたは大幅に改善した生産物・製品の生産・販売を開始」の 41.9% である．これに，プロセス・イノベーションの「新しいまたは大幅に改善した生産工程を

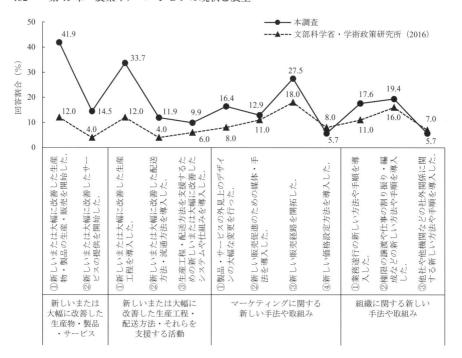

図 15-5　農業法人経営におけるイノベーションの実現割合
　　　　注：独自の調査に基づいて筆者作成. 筆者らの本調査の調査年は 2019 年で
　　　　「過去 3 年間」のイノベーションについて質問. 文部科学省・学術政策研
　　　　究所（2016）の調査年は 2015 年で「2012 年度～2014 年度」のイノベーショ
　　　　ンについて質問.
　　　　出典：南石（2022）.

導入」33.7%, マーケティング・イノベーションの「新しい販売経路を開拓」27.5%,
「権限の譲渡や仕事の割り振り・編成などの新しい方法や手順を導入」19.4%が
続いている. 一方, 実現割合が低いイノベーションは, 組織イノベーションの「他
社や他機関などの社外関係に関する新しい方法や手順を導入」5.7%, マーケティ
ング・イノベーションの「新しい価格設定方法を導入」5.7%である.

　図には示していないが, プロダクト・イノベーションのうち何れかの取り組
みを実施している農業法人の割合は 50.0%, プロセス・イノベーションのうち
何れかの取り組みを実施している割合は 47.8%である. このように, 農業法人
の半数は, プロダクト・イノベーションやプロセス・イノベーションにそれぞ
れ取り組んでおり, 果敢にイノベーションに挑戦しているといえる.

なお，図には，文部科学省・学術政策研究所（2016）の農林水産業の売上高5億円以上の企業のイノベーション実現割合を併記している．図に注記したように，調査年や調査対象が異なるため直接的な比較はできないが，図の折れ線グラフのパターンが類似している．両調査で割合が高い項目では，積極的に農業法人がイノベーションに取り組んでいる実態を示している．

4. おわりに

本章では，農業法人経営の動向や農業イノベーションの実施状況などを，政府統計や筆者らが行ったアンケート調査に基づいて概観してきた．そこから，イノベーションに果敢に挑戦する農業経営が，一定の層としてわが国に形成されつつあるのか，稀有な先進事例に留まるのかについて考察を行った．

農業法人経営の増加傾向と個人経営の減少傾向，農産物販売金額 3,000 万円以上の農業経営の増加傾向とそれ未満の販売金額の農業経営の減少傾向が明らかになった．また，農業法人の 3～4 割が，プロダクト・イノベーションやプロセス・イノベーションの特定の取り組みを行っており，半数は何れか 1 つの取り組みを行っていることも明らかにした．これらの結果は，本書で紹介したような農業経営が，決して例外的な先進事例ではなく，一定の層として形成されつつあることを示唆しているように思われる．読者の皆さんはどのように思われたであろうか．意見交換，議論の機会があれば幸いである．なお，本書では農業イノベーションを実践している農業法人の取り組みに焦点をあてたが，農業ビジネスの動向，経営理論および展望については，南石（2023）を参照されたい．

最後まで本書にお付き合い頂き，ありがとうございました．

参考文献

文部科学省科学技術・学術政策研究所（2016）「第 4 回全国イノベーション調査統計報告」，148pp, https://www.nistep.go.jp/archives/30557
南石晃明（2021）ファクトデータでみる農業法人－経営者プロフィール，ビジネスの現状と戦略，イノベーション，農林統計出版，106pp.
南石晃明［編著］（2022）デジタル・ゲノム革命時代の農業イノベーション，農林統計出版，322pp.
南石晃明（2023）デジタル時代の農業経営学－農業ビジネスの動向，経営理論，展望－，

農林統計出版（印刷中）．

農林水産省（2021）2020 年農林業センサス結果の概要（概数値），－農業経営体の減少が続く中で，法人化や規模拡大の進展が継続－, http://www.nohken.or.jp/kikaku- iinkai/3-1-12-maff-kikaku6.pdf

農業利益創造研究所（2021）規模拡大は万能か？　農業所得率から見る適正規模とは, https://nougyorieki-lab.or.jp/facility/4227/

総務省（2022）家計調査　2021 年（令和 3 年）平均, https://www.stat.go.jp/data/kakei/sokuhou/tsuki/index.html#nen

索引

執筆者一覧

（執筆順）

南石晃明（編者，第 1 章，第 2 章，第 4 章，第 6 章，第 14 章，第 15 章）
　九州大学大学院農学研究院教授，一般社団法人農業情報学会代表者理事・JSAI
　会長（JSAI は同学会会員組織を示す．以下同じ）

長命洋佑（第 2 章，第 4 章，第 6 章，第 13 章，第 14 章）
　広島大学大学院統合生命科学研究科准教授，一般社団法人農業情報学会理事・
　JSAI 情報利用・普及部会副部会長

川﨑　勇（第 3 章，第 9 章）
　日本農業新聞記者

青山浩子（第 5 章，第 7 章，第 14 章）
　新潟食料農業大学准教授，農業ジャーナリスト

上西良廣（第 6 章）
　九州大学大学院農学研究院助教，一般社団法人農業情報学会社員・JSAI 理事

山田　優（第 8 章，第 14 章）
　農業ジャーナリスト，一般社団法人農業情報学会 JSAI 評議員

佐藤正衛（第 10 章）
　農研機構北海道農業研究センター上級研究員，一般社団法人農業情報学会理
　事・JSAI 副会長

野中章久（第 11 章）
　三重大学大学院生物資源学研究科准教授，一般社団法人農業情報学会社員・
　JSAI 理事

川﨑訓昭（第 12 章）

　秋田県立大学生物資源科学部助教，一般社団法人農業情報学会 JSAI 評議員

長濱健一郎（第 12 章）

　秋田県立大学生物資源科学部教授

宇野真樹（第 13 章）

　広島大学大学院統合生命科学研究科博士前期課程学生

平石　武（第 14 章）

　一般社団法人農業利益創造研究所理事長，ソリマチ株式会社　取締役，一般社
　団法人農業情報学会理事・JSAI 副会長（情報利用・普及部会部会長）

遠藤隆也（第 14 章）

　一般社団法人 ALFAE 運営委員，M-SAKU ネットワークス代表，一般社団法
　人農業情報学会 JSAI 正会員

岸田義典（第 14 章）

　株式会社新農林社代表取締役社長，一般社団法人農業情報学会監事・JSAI 顧問

編著者紹介

南石 晃明（なんせき てるあき）

岡山県に専業農家の長男として生れる．米国コーネル大学留学を経て，岡山大学大学院農学研究科修士課程修了．農学博士（京都大学）．専門は農業経営学，農業情報学．

農林水産省農業研究センター経営設計研究室室長などを経て，九州大学大学院農学研究院教授，家業の農林業経営代表．

単著に『ファクトデータでみる農業法人：経営者プロフィール，ビジネスの現状と戦略，イノベーション』農林統計出版，『農業におけるリスクと情報のマネジメント』農林統計出版など．編著書，論文，経歴などは科学技術振興機構リサーチマップ（https://researchmap.jp/read0124925）を参照．

農業イノベーションの挑戦者
―農業経営の将来像を考える―
Challengers of Agricultural Innovation
: Vision of Future Farm Management

農業イノベーションの挑戦者　　　　　© 南石晃明　2023

2023 年 3 月 31 日　　　第 1 版第 1 刷発行

著者代表者　南 石 晃 明

発 行 者　　及 川 雅 司
発 行 所　　株式会社 養 賢 堂　〒113-0033
　　　　　　　　　　　　　　　　東京都文京区本郷 5 丁目 30 番 15 号
　　　　　　　　　　　　　　　　電話 03-3814-0911 ／ FAX 03-3812-2615
　　　　　　　　　　　　　　　　https://www.yokendo.com/

印刷・製本：新日本印刷株式会社　　用紙：竹尾
　　　　　　　　　　　　　　　　　本文：淡クリームキンマリ 43 kg
　　　　　　　　　　　　　　　　　表紙：ベルグラウス T・19.5kg

PRINTED IN JAPAN

ISBN 978-4-8425-0000-0 C3061